Karin Wess

33 Ideen, wie du sofort sichtbarer wirst

Karin Wess

33 IDEEN, WIE DU SOFORT SICHTBARER WIRST

GOLDEGG VERLAG

Der Verlag und seine Autoren sind für Reaktionen, Hinweise oder Meinungen dankbar. Bitte wenden Sie sich diesbezüglich an unsere Verlagsadresse verlag@goldegg-verlag.com.

ISBN Print : 978-3-99060-047-4
ISBN E-Book: 978-3-99060-048-1

Friedrichstraße 191 • D-10117 Berlin
Telefon: +49 800 505 43 76-0

Goldegg Verlag GmbH, Österreich
Mommsengasse 4/2 • A-1040 Wien
Telefon: +43 1 505 43 76-0

E-Mail: office@goldegg-verlag.com
www.goldegg-verlag.com

Layout, Satz und Herstellung: Goldegg Verlag GmbH, Wien
Druck und Bindung: EuroPb, CZ

Inhaltsverzeichnis

TEIL 1

Das alles ist kein Zufall

Dass du dieses Buch in Händen hältst, ist kein Zufall. Bei beinahe 7,5 Billionen Menschen auf dieser Welt und laut Google sagenhaften 129 Billionen Büchern hat es eine Bedeutung, dass du exakt dieses Buch aufgeschlagen hast.

Vielleicht wurde es dir empfohlen. Vielleicht hast du eine Anzeige dafür gesehen. Vielleicht ist es dir aber auch einfach im Buchhandel aufgefallen. Irgendetwas daran hat dich angesprochen. Es ist jedenfalls definitiv kein Zufall, weil ich schlichtweg nicht an Zufälle glaube. Ebenso wenig wie an Glück. Denn du brauchst kein Glück, um erfolgreich sichtbar zu sein.

Vielmehr glaube ich an Intentionen, Vorhaben und Wege. An Botschaften und Zeichen und daran, dass du etwas zu sagen hast. Dass du mit deiner Idee, deiner Vision oder mit deinem Unternehmen sichtbarer werden möchtest. Dass du Spuren auf dieser Welt hinterlassen willst.

Möglicherweise startest du gerade mit deinem Vorhaben, deiner Idee oder deinem Unternehmen oder aber du bist schon einige Jahre auf dem Markt – so oder so spürst du, da geht noch etwas. Eventuell reizen dich die neuen Möglichkeiten und du hast von scheinbar wunderbaren Übernacht-Erfolgen hier und dort gehört. Von Menschen, die mehr oder weniger aus dem Nichts heraus plötzlich im Rampenlicht standen. Menschen, die es *geschafft* haben. Denn was sie allesamt geschafft haben, war, sichtbar zu sein. Sichtbar für ihre Kunden. Und zwar für so viele Menschen, dass sich ihre Ideen und Konzepte etabliert haben. Dass sie Unternehmen auf- und ausgebaut haben, die wir als erfolgreich bezeichnen. Sie haben Vertrauen aufgebaut, wodurch Menschen bereit waren, in sie zu investieren – indem sie ihre Produkte gekauft haben.

In diesem Buch zeige ich dir Wege, wie du sichtbarer werden kannst, damit du deine Ziele erreichen und die Reise des Entrepreneurs für dich mit Spaß und Erfolg meisterst. Denn egal wie groß deine Ziele sind, je mehr Menschen sehen, was du zu sagen hast, desto eher erreichst du deine persönliche Ziellinie.

Ganz gleich, auf welcher Stufe du aktuell mit deinem Unternehmen stehst, ich weiß, dass du ein erfolgreiches Business aufbauen kannst. Weshalb ich mir so sicher bin? Weil ich weiß, wenn andere es schaffen können, dann kannst du es auch! Die Chancen und Möglichkeiten waren nie besser als heute. Aber auch die Menge an Mitbewerbern war nie größer als jetzt.

Tagtäglich werden neue Unternehmen gegründet. Auch gerade jetzt in diesem Augenblick. Ideen entstehen, Visionen werden geboren. Und dennoch schaffen nur wenige die Hürde vom Hobby zum gewinnbringenden Unternehmen. Dabei liegt es nicht an der Idee an sich oder dem Zeitpunkt. Sicher auch nicht, ob eine Frau oder ein Mann gegründet hat oder die Stadt, die Lage oder die finanziellen Mittel. Auch wenn uns nüchterne Statistiken das immer wieder weismachen wollen. Vielmehr liegt es an der Leidenschaft und der Bereitschaft des Gründers. Denn es gibt einen guten Grund, weshalb erfahrene Investoren eher in den Entrepreneur als die Idee investieren: Leidenschaft siegt über jeden Businessplan.

In meinen Programmen, Kursen, Workshops und Einzelberatungen habe ich bereits mit über 2000 Unternehmerinnen gearbeitet und es hat sich immer wieder bestätigt: Erfolg ist niemandem in die Wiege gelegt worden. Und anfängliches Talent ist nichts wert, wenn es nicht gelebt wird. Alle erfolgreichen Menschen haben etwas dafür getan. Sie haben an sich gearbeitet und für ihre Ziele gearbeitet. Und das kannst du auch.

Bist du bereit?

Wie du mit diesem Buch am besten arbeitest

Du kannst dieses Buch von vorne bis hinten durchlesen, Schritt für Schritt. Oder dir exakt die Bereiche herauspicken, die für dich am wichtigsten sind. Denn nicht die Reihenfolge ist entscheidend, sondern dein Tun. Eselsohren sind erlaubt, Markierungen und auch Haftnotizen. Benutze dieses Buch so, wie du am meisten für dich herausholst. Es ist deines.

Aber wie für alles gilt – nutze es! Denn nicht die Ideen, die Inspirationen oder die Bücher in deinem Schrank bringen dich voran, sondern stets nur das, was du tust. Trau dich, Neues anzupacken, Altes zu überdenken und Dinge gänzlich neu zu integrieren.

H.O. oder B.O.?

Bevor du loslegst, gilt es noch eine Grundsatzentscheidung zu treffen. Denn es gibt zwei Arten von Unternehmern. Freilich gibt es noch mehr, aber zwei sehr grundlegende Arten. Sie unterscheiden sich in ihren wesentlichen Zügen immens voneinander, haben meist kein Verständnis für den anderen und können nicht nachvollziehen, warum der jeweils andere so handelt, wie er es tut. Sie leben in scheinbar unterschiedlichen Welten. Denn während der eine glücklich ist, mit dem, was er tut und sich nichts Schöneres vorstellen kann, strebt der andere nach mehr – mehr Erfolg, mehr Reichweite, mehr Gewinn.

Denn ein Unternehmen an sich, von Natur aus, hat ein Ziel. Eines. Und das ist:

Gewinn.

Freilich willst du auch deine Passion ausleben, für deine Leidenschaft brennen, die Welt verändern, revolutionieren. Spaß haben. Doch das kannst du nur, wenn du auch weiterhin ein »Geöffnet«-Schild an deine Türe (oder Webpage) hängen kannst.

Bist du H.O. oder B.O.?

Ein B.O. – Business Owner investiert in sich und sein Business, geht Risiken ein, lernt, probiert, wächst, macht Fehler und tut, was auch immer notwendig ist, um erfolgreich zu sein.

Ein H.O. – ist ein Hobby Owner. Er träumt und glaubt, dass sich die Dinge schon ergeben werden. Er ist dann aktiv, wenn es ihn freut und er sich in der Stimmung dafür fühlt.

Was bist du?

Entscheidungen zu treffen wird eine deiner größten Stärken sein, wenn es darum geht, deine Ziele zu erreichen. Je besser du darin wirst, je klarer und auch schneller, desto eher wirst du deine persönlichen Meilensteine erreichen. Spuren hinterlassen. Denn dein Erfolg ist stets eine bewusste Entscheidung.

Danke, liebes Internet!

Mit rund 17 Jahren war ich völlig fasziniert vom ersten PC in einem Privathaushalt! Es war außergewöhnlich. Ein Highlight. Eine Besonderheit. Gekoppelt mit dem typischen Einwahlgeräusch eines Modems, das sich in Schneckentempo mit dem Internet verbindet. Wie sich das Internet in den letzten 25 Jahren entwickelt hat, ist schier unglaublich. Es hat nicht nur unser Verhalten und die weltweite Vernetzung revolutioniert. Sondern auch, wie wir Geschäfte machen können. Heute ist es ein Leichtes, eine Webpage innerhalb von einer Stunde online zu stellen.

Ohne Internet wäre mein Business heute nicht dort, wo es ist. Denn ich habe ein »Online Business« aufgebaut. Es gibt kein Ladenlokal und keine Büroräume. Alles, was ich brauche, um mein Unternehmen zu betreiben, sind mein Mac und eine gute Internetverbindung. Locationfree ist das Trendwort dazu.

Ja, ich gestehe – ich bin verliebt ins Internet!

Denn es bietet uns unzählige Möglichkeiten. Man kann heute mit nur hundert Euro starten. Oder noch weniger. Und sich daraus ein lukratives Unternehmen aufbauen. Das beschränkt sich jedoch nicht nur auf Kleinunternehmen. Es gibt endlos viele Beispiele von Multimillionen-Unternehmen, die aus einer ursprünglichen Idee, meist Passion heraus, entstanden sind.

Ob wir Casey Neistat nehmen – einer der besten YouTuber, die es aktuell gibt. Oder Ali Brown, Marie Forleo, Kimra Luna, Grant Cardone, Gary Vaynerchuk. Sie alle haben durch das Internet ihre eigenen Jobs erschaffen und tun genau das, was sie lieben und gehören in ihren Bereichen zu den Besten der Besten.

Um online erfolgreich zu sein, brauchst du nicht mehr als ein Endgerät, eine Internetverbindung und eine gute Idee.

Content rules the world.

Wenn du weißt, wofür du brennst, was hinter deiner Marke steht und welche Vision du in die Welt bringen möchtest, dann sind die Möglichkeiten für dich endlos.

Meine Blogs, Videos, Gastbeiträge, Fachartikel –

alles wird online gestreut. Das erhöht nicht nur immens meine Reichweite, sondern steigert vor allem meine Bekanntheit. Mit nur einem neuen Post erreiche ich binnen weniger Minuten an die 15.000 Menschen. Einige meiner Artikel wurden über 10.000 Male geteilt und mehr als 50.000 Mal gelesen. Allein im deutschsprachigen Raum.

Heutige Influencer, also Personen, die auf Grund ihrer enormen Reichweite, Präsenz und ihres Ansehens in den sozialen Netzwerken für kommerzielle Werbung und Vermarktung interessant sind, haben diesen Status nur dank Internet erreicht. Ein Geschäftsmodell, das gerade mal erst seit rund zehn Jahren existiert.

So bietet das Internet heute regelrecht jedem mit Computer oder Handy und einer Verbindung ins Netz die Möglichkeit, sich zu präsentieren und ein lukratives Unternehmen aufzubauen.

Doch wo die Möglichkeiten so vielzählig sind, sind es auch die Akteure. Beispielsweise werden in jeder einzelnen Minute neue Videos mit einer Gesamtlänge von rund 400 Stunden auf YouTube hochgeladen. Über 70 Prozent aller Videos werden dabei mobil angesehen, also am Smartphone oder Tablet.

Die gute Nachricht dabei ist, dass laut einer YouTube-Studie nur etwa neun Prozent aller Kleinunternehmen YouTube nutzen. Hier gibt es also eine riesige Chance für alle jene, die sie nutzen.

Und damit sind wir wieder beim Punkt: Du musst gesehen werden!

Denn nur wer dich kennt, kann bei dir kaufen. Nur wer von dir begeistert ist, wird dich weiterempfehlen.

Und nur wenn du am Ball bleibst, wird dein Unternehmen weiterwachsen.

Einmal Sichtbarkeit, bitte! Oder?

In meiner Arbeit sehe ich täglich, wie Menschen zwar sichtbar werden wollen, aber im letzten Schritt dennoch davor zurückschrecken. Gedanken wie »Was werden die anderen sagen?« oder »Bin ich schon gut genug?«, »Kann/darf/soll ich das wirklich?« sind an der Tagesordnung.

Und ja, ich finde es enorm wichtig, sich damit auseinanderzusetzen, denn sonst geht man die Dinge entweder falsch an oder viel zu zurückhaltend. Nicht jeder ist von Natur aus selbstbewusst genug, um sich auf die Bühne zu stellen. Zudem kann ein gewisser Grad an Sichtbarkeit Auswirkungen auf das persönliche Umfeld haben, die Familie oder die Kinder. Daher solltest du dir vor dem Sichtbarwerden Gedanken dazu machen, was du zeigen möchtest, wie du dich zeigen willst und vor allem, wie du gesehen werden willst.

Sichtbarkeit ist nicht nur Strategie, sondern auch Mindset. Denn deine Einstellung entscheidet darüber, was du tust und wie du es tust. Was du sagst und wie du es sagt. Oftmals stehen sich Menschen genau dabei viel zu sehr im Weg, weil sie sich gewisse Fragen vorher nicht gestellt haben. Je mehr Klarheit du jedoch darüber hast, was exakt du möchtest, wie du es willst und weshalb, umso leichter kannst du deine Strategien umsetzen und deine Ziele verfolgen. Unsicherheit bremst dich dann aus, wenn dir die Entscheidungsgrundlage fehlt. Wenn dir unklar ist, ob du nun dies oder jenes tun beziehungsweise sagen sollst.

Was willst du?

Eine so einfache und doch so vielschichtige Frage, die oftmals gar nicht so einfach zu beantworten ist. Je besser du die Antwort jedoch kennst, desto leichter wird der Rest.

Was also willst du? Wie sieht dein eigenes Big Picture aus? Was wirst du eines Tages erreicht haben, für dich, dein Unternehmen, deine Familie, im sozialen Kontext, für deine Gesundheit, deine Finanzen, deine Partnerschaft? Das Leben ist zu kurz, um uns nur auf einen Part zu konzentrieren. Betrachte dein Leben stets als Ganzes, holistisch. Nur wenn alle Bereiche im Gleichgewicht sind, kannst du dein Bestes geben. Denn was bringt Sichtbarkeit, wenn du krank bist? Was Erfolg, wenn du allein bist? Was Anerkennung, wenn du verzweifelt bist?

Manch einer will Hallen mit 30.000 Menschen füllen. Ein anderer Bücher schreiben, die in unzählige Sprachen übersetzt werden. Der Nächste möglicherweise die Welt vor Hunger retten und ein anderer der regionale Platzhirsch werden. Bei einer Vision geht es nicht darum, dass sie groß, größer am größten ist, sondern dass du deine Erfüllung darin findest. Was würde dich also an deinem allerletzten Tag über die Maßen mit Dankbarkeit erfüllen, wenn du auf dein Leben zurückblickst? Was wirst du erschaffen, was weiter- und was zurückgegeben haben? Welchen Einfluss hatte dein Dasein auf dieser Welt? Womit hast du Menschen glücklich gemacht? Was hast du erreicht? Welche Träume hast du dir erfüllt? Wie werden die Menschen über dich sprechen, was werden sie über dich erzählen? So gehört es zu meiner großen Vision, Menschen dabei zu inspirieren, ihre Ideen nicht in Schubladen zu verstauen, sondern sich zu trauen, nach draußen zu gehen, sich zu zeigen, über sich hinauszuwachsen und ihren Traum vom Leben tatsächlich umzusetzen.

Male dir deine Vision, dein Big Picture so klar und deutlich aus, wie du nur kannst. Verbinde dich immer wieder damit, damit du ein klares, starkes Warum für dich hast. Und wenn du hier noch weiter gehen möchtest oder dich zum ersten Mal bewusst damit auseinandersetzt, empfehle ich dir sehr das Buch »Start with Why« von Simon Sinek.

Je mehr du dir bewusst bist, dass dieser Tag kommen wird, desto eher kommst du im Hier und Jetzt ins Handeln. Denn wofür Zeit verlieren, wenn sie doch das Kostbarste ist, was wir Menschen besitzen? Dein Warum ist dein Zugpferd, dein Antrieb und dein Treibstoff. Und es hilft dir enorm dabei, über deine Schatten zu springen, deine Komfortzone zu verlassen und aus Altbekanntem auszubrechen und gänzlich neue Wege zu gehen. Und das Ding mit der Sichtbarkeit wird dann umso einfacher.

Bevor du jetzt aber gleich lospirscht und die Welt eroberst und durch dein Wirken Dellen ins Universum schlägst, werde dir noch über ein paar Rahmenbedingungen klar.

1. Welchen Einfluss hat meine Sichtbarkeit auf meine Familie?
2. Wie sichtbar will ich tatsächlich werden?
3. Was bin ich bereit, dafür preiszugeben?
4. Wie sehr trenne ich Persönliches von Privatem?
5. Welches Bild möchte ich im Außen von mir erstellen?
6. Welche Informationen sind schon jetzt von mir online?
7. Welchen Preis muss ich eventuell für meine Sichtbarkeit bezahlen?

Die Antworten auf diese Fragen helfen dir enorm dabei, von vornherein zu klären, was du auf welche Art und Weise nach außen trägst, was du sagst und wie du es tust. Wofür du stehst und wofür nicht. Google dich mal selbst und schau, welchen Eindruck du schon jetzt vermittelst. Entspricht er dem, was und wie du sein möchtest oder darfst du gegensteuern? Was musst oder möchtest du eventuell mit deiner Familie klären?

Alles im Leben hat zwei Seiten und ich fände es naiv, nur die wundervollen Seiten der Sichtbarkeit aufzuzeigen. Denn je sichtbarer du wirst, desto mehr Verantwortung darfst du für dein Tun übernehmen. Leader führen, sie gehen voran – vor allem mit gutem Beispiel. Tinder, C-Date oder andere Freizeitvergnügen, die bisher total okay für dich waren, weil anonym, sind es zukünftig vielleicht nicht mehr. Du ziehst dich am liebsten in den Süßwarenladen zurück und bestellst sieben Torten gleichzeitig, wenn du ein emotionales Tief hast, willst so jedoch nicht gesehen werden? Du liebst abgetragene Schlabberklamotten, wenn du das Wochenende zu Hause verbringst, bist aber sonst etepetete, wenn dich jemand sehen könnte? Welche Leichen liegen im Keller, die auftauchen könnten, wenn du sichtbarer wirst und sich auch Presse und Journalisten für dich zu interessieren beginnen? Wie willst du damit umgehen, wenn etwas herauskommt, das du lieber geheim gehalten hättest?

Wenn du es ernst meinst mit deiner Sichtbarkeit, deinen Zielen und deiner Vision, dann solltest du dir darüber ebenfalls Gedanken machen. Deine Vergangenheit, deine bisherige Story, soll dich dabei nicht hindern, sondern unterstützen.

Wenn du das geklärt hast, dann geht's los. Sichtbar zu werden ist etwas Wundervolles! Es kann dich so ungemein schnell an deine Ziele bringen, dir neue Erfahrungen bescheren und dich über dich hinauswachsen lassen.

Hab Spaß daran, dich zu zeigen, der Welt zu zeigen, wer du bist und was du zu sagen hast. Probiere dich aus. Lerne. Sammle Erfahrungen. Hole dir Feedbacks. Aber am wichtigsten: Bleib du! Denn schlechte Kopien gibt's da draußen schon viel zu viele.

Setze dir klare Ziele

Ein Plan ohne Ziel ist wertlos und ein Ziel ohne Datum nur ein Traum. Gerade wenn es um Dinge geht, die du erreichen willst, brauchst du klare Ziele, denn sie sind die Grundlage für deinen Erfolg und zugleich dein Mess- und Controlling-Instrument, um zu sehen, ob sich dein Tun so auswirkt, wie du es dir wünschst.

Wähle Ziele, die klar und spezifiziert sind. Ziele, die du messen kannst. Hinterfrage dich selbst: »Was will ich?« Sich hierfür Zeit zu nehmen, lohnt sich immer. Denn dein Unterbewusstsein hört mit. Unklare Ziele enden meist in unklaren Resultaten. Sprich, du kannst am Ende gar nicht sagen, ob du erfolgreich warst oder nicht beziehungsweise ob ein anderes Ergebnis auch möglich gewesen wäre. »Ich will sichtbar werden«, klingt zwar schön, ist aber kein Ziel. Denn was bedeutet Sichtbarkeit für dich? Wie evaluierst du, ob du dein Ziel erreicht hast? Wenn du sieben neue Likes auf Facebook hast oder wenn du in zwölf internationalen Talk-Shows warst und 271.312 Follower auf Instagram hast? Verallgemeinerungen helfen dir nie, deine Ziele klar und schnell zu erreichen, sondern bieten stets nur jede Menge Chanen für Ausreden. Hundert Fans auf Facebook zu haben ist zwar vielleicht ein Anfang, aber was genau bringt dir das? Das heißt, wenn es um deine Sichtbarkeit geht, definiere auch klar das Ergebnis, dass du aus deinen einzelnen Aktivitäten erreichen möchtest:

1. Wie wirkt sich meine Sichtbarkeit auf mein Business aus?
2. Welchen Einfluss hat meine Sichtbarkeit auf meinen Umsatz?
3. Welche Art von Sichtbarkeit ist mir wichtig?
4. Wie fühlt es sich an, so sichtbar zu sein? Wie gehe ich mit meiner Sichtbarkeit um?

Denn nicht 10.000 Follower sind das Ziel, sondern ein Ergebnis, ein Resultat für dein Unternehmen. Vermutlich mehr Umsatz, mehr Kunden, mehr Anerkennung, besseres Image, Expertenstatus. Kooperationspartner oder Investoren die auf dich aufmerksam werden, von Journalisten für Interviewanfragen kontaktiert zu werden, einen Buchverlag zu finden, der dein Thema aufgreift und vieles andere mehr.

Je genauer du selbst Vorstellungen darüber hast, was exakt du mit »Sichtbarkeit« erreichen willst, desto leichter kannst du die entsprechenden Werkzeuge auswählen und die richtigen Impulse setzen. Denn dann kannst du dir klar beantworten:

Woran merke ich, dass ich mein Sichtbarkeits-Ziel erreicht habe?

Ich liebe ja Ziele, die mich herausfordern. Und diese Liebe solltest du auch entwickeln. Auch wenn ich oft höre, ich solle lieber realistisch bleiben, es mal nicht übertreiben, mit den Beinen am Boden bleiben – doch ich habe immer schon lieber nach dem Universum gegriffen als nur bis zu den Sternen.

Gib dich daher niemals mit weniger zufrieden, als du wirklich schaffen kannst. Warum nur für den 5-Kilometer-Lauf trainieren, wenn dein eigentliches Ziel der Marathon ist? Warum sich als Ziel setzen, ein Instagram-Influencer zu werden, wenn du eigentlich als Model arbeiten möchtest? Finanzielle Freiheit ist nett, aber was exakt willst du dadurch erreichen, erleben, erschaffen, erfahren? Das Ziel, erfolgreicher Unternehmer zu werden, ist nett, aber nicht hilfreich, wenn du im tiefsten Inneren weißt, dass du im Grunde als digitaler Nomade durch die Welt tingeln willst. Werde dir klar darüber, was das Ziel hinter dem Ziel ist. Was ist der innere Antreiber?

Zu viele sind unzufrieden, weil sie nicht ausleben, was sie sich sehnlichst wünschen, weil sie sich zu kleine Ziele gesetzt haben. Dabei geht es nicht um höher – besser – weiter – schneller, sondern darum, dich neuen Herausforderungen zu stellen. Es ist wie beim Sport – dein Muskel wird nur wachsen, wenn er neuen Reizen ausgesetzt wird. Das Gleiche gilt für deine Sichtbarkeit und dein Unternehmen. Sei ambitioniert. Alles, woran du glauben kannst, kannst du auch erreichen.

Natürlich sollst du es damit nicht übertreiben und dir Ziele stecken, die selbst ausgefuchste Profis maßlos überfordern würden, weil dein Ziel mit dem Zeitfaktor einfach nicht zusammenpasst. Aber Ziele, die dich faszinieren, dich begeistern, dich anspornen und sogar ein wenig Angst einflößen, sind genau richtig. Der Zeitraum, in dem du diese erreichen willst, ist dabei nicht zu unterschätzen. Erstens, weil du damit selbst messen kannst, wie gut kommst du voran und zweitens, weil du deinen Fortschritt kontrollieren kannst.

Wenn du anfänglich noch keine Erfahrungswerte hast, dann mach dich schlau. Frage jemanden, der sich auskennt, welche Ziele in welchem Zeitraum tatsächlich umzusetzen sind. 10.000 neue Facebook-Fans in zwölf Tagen ohne Budget für Anzeigen und nur einem neuen Post pro Woche wird's nicht spielen. Wenn du jedoch als Ziel hast, einen neuen Fachartikel pro Monat zu veröffentlichen, dann ist das kein Problem. Menschen, die sich mit dem Thema auskennen, können dir dabei helfen, dir Ziele zu setzen, die dich motivieren und an denen du gut dranbleiben kannst. Denn Sichtbarkeit ist kein Marathon, sondern ein Langstreckenlauf.

It takes a long time, to become an overnight success

Sichtbarkeit und der strategische Aufbau deiner Marke ist kein Hundertmeterlauf. Es ist vielmehr die langfristige Strategie hinter deinem Erfolg. Auch wenn manches sehr schnell gehen kann, der oft gewünschte Erfolg »über Nacht« tritt erst nach einiger Zeit ein. Nämlich dann, wenn all deine einzelnen Aktivitäten sich zu einem großen Ganzen summieren und du scheinbar von heute auf morgen »überall« gesehen wirst.

Damit das gelingt, setze dir klare Teilziele. Denn das richtig Große ist vielleicht noch ein wenig überwältigend. Es wird aber leichter handhabbar, wenn du es in kleinere Teilziele und Schritte portionierst.

In meinen Beratungen habe ich die besten Ergebnisse, wenn ich mit folgender Aufteilung arbeite:

- *Visualisiere dein Big Picture:* Was wirst du erreicht haben, wenn du eines Tages auf dein Leben zurückblickst? Gibt es Menschen, die dich inspirieren oder begeistern, die du als Vorbild nehmen kannst? Dinge, die andere erreicht haben, die du ebenfalls erstrebenswert findest? Dein Big

Picture hat keinen Datumsstempel, sondern das ultimative Ziel.

- *Definiere dein Jahresziel:* Was musst du im nächsten Jahr erreichen, wenn du dein Big Picture erreichen willst? Welche Dinge gehören geklärt, was gehört gemacht. Ein Jahresziel ist für mich wie das konkrete Reiseziel. Da weiß ich genau, was ich brauche, um es zu erreichen, was muss noch mit ins Gepäck, was sollte ich dalassen? Ein Jahr ist unglaublich lang, wenn du täglich etwas für dein Ziel tust. Menschen unterschätzen meist so sehr, was sie in einem Jahr erreichen können, aber überschätzen massiv, was sie an einem Tag schaffen können.
- *90-Tage-Planung:* Im nächsten Schritt schaue ich mir die nächsten 90 Tage an. Wo stehe ich jetzt, was konkret wird in 90 Tagen anders sein. Diese Zeitspanne umfasst in der Regel zwölf Wochen – du kannst es also wieder wie ein Jahr ansehen. Jede Woche für einen Monat. Diese Regelmäßigkeit finde ich enorm wichtig, so passiert es dir nicht, dass du erst im Dezember deine Ziele kontrollierst und voll Panik versuchst zu retten, was noch zu retten ist.
- *14-Tage-Teilplanung:* 14 Tage sind ein Zeitraum, den du perfekt überblicken kannst. Du kennst bereits die Termine in deinem Kalender, kannst gut abschätzen, wie viel Zeit dir für dein Marketing wirklich bleibt und auf dieser Ebene sehr konkret deine Aktivitäten planen. Nimm dir für diese Phase jeweils drei bis maximal vier konkre-

te Projekte vor und definiere alle einzelnen Aufgaben dazu. So hast du einen perfekten Plan und weißt exakt, wann du was zu tun hast um dein 90-Tages-Ziel, dein Jahresziel und letztendlich dein Big Picture zu erreichen.
- *pro Tag:* Ich definiere jeden Tag meinen Tag mit meinem Journaling. Das heißt, gleich morgens als Erstes setze ich mich mit meinen Zielen auseinander, definiere, bestätige mir selbst, wozu ich mich selbst verpflichtet habe, wie es sein wird, wenn ich dieses Commitment mit mir selbst erreicht habe und was konkret ich heute umsetzen werde, um meine Ziele zu erreichen. Je öfter auch du dich mit deinen Zielen beschäftigst und auseinandersetzt, umso fester verankerst du sie.

Definiere deine Ziele stets schriftlich. Handschriftlich ist sogar noch besser, weil nachweislich eine andere Verbindung, eine noch festere Absicht damit definiert wird. Komme, was da wolle. Beschäftige dich täglich damit, damit du dein Ziel nicht aus den Augen verlierst, du aber auch siehst, dass es Tag für Tag nur wenige Akzente braucht, um am Jahresende und in weiterer Folge in deinem Big Picture Phänomenales zu erreichen. Das kontinuierliche Tun bringt dich so sehr viel schneller voran, als ab und an einen 18-Stunden-Tag einzulegen. Nachweislich erreichst du wesentlich mehr, wenn du regelmäßig von deinen Aufgaben nur 60 bis 80 Prozent erreichst, als wenn du gar keine Aufgabenlisten erstellst. Somit ist nicht das Abarbeiten der To-do-Liste das Wunschziel, sondern der Fortschritt. Dadurch werden ganz normale Spitzenleistungen möglich. Denn es zählen nicht die einzelnen großen Sprünge, sondern all die kleinen Schritte, die du machst. Diese bringen dich wesentlich schneller voran und du übst dabei automatisch, konsequent zu sein und dranzubleiben. Lass dich dabei nicht überrumpeln, wenn du ein Ziel mal nicht in der vorgegebenen Zeitspanne erreichst. Was soll's! Gib dir noch ein wenig mehr Zeit, aber schraube niemals dein Ziel nach unten. Geduld zahlt sich hier immer aus. Verfolge zwar deine Fortschritte, aber miss ihnen nicht allzu große Beachtung bei. Bleib konsequent und täglich dran. Damit erreichst du deine Ziele am schnellsten. Oder wie Gary Vaynerchuk es mit seiner legendären YouTube Show »Wine Library« tat: Er gab sein volles Commitment dazu, ein Jahr lang, täglich eine neue Weinrezension auf YouTube zu veröffentlichen. Und hat damit dazu beigetragen, den Umsatz des Familienunternehmens mehr als zu verzehnfachen.

Warum das alles?

Bei allem, was du für deine Sichtbarkeit tust, solltest du dir sehr klar darüber sein, warum du all das willst. Denn dein Warum hilft dir eben sehr dabei, an deinen eigenen Vorhaben dranzubleiben. Fokussiere dich dabei auf die Dinge, die dich am schnellsten voranbringen, mische sie aber mit strategischen Aktivitäten. Dazu gehört der Auf- und Ausbau deiner Marke, die Stärkung deiner Positionierung, dich darum zu kümmern, wen du kennst und wer dich unbedingt kennen sollte. Ebenso aber auch, welches System und welche Routinen du aufbaust, wie du dein Unternehmen und die Abläufe darin gestaltest. Passen die Strukturen zu dem, was du in deiner Vision erreichen möchtest? Netzwerken kann weit aus langfristiger angesehen werden als ein Facebook-Live-Video. Doch beides kann dich deinem Ziel näher bringen.

Definiere zudem, was dir liegt. Nicht jeder schreibt gerne. Bei dem Gedanken, von nun an regelmäßig neue Blogs zu schreiben, verfällt nicht jeder in Jubelgeschrei. Vielleicht liegen dir eher Podcasts oder Videos, weil du beim Sprechen wesentlich eloquenter bist als beim Schreiben. Auch sattelfeste Grammatik ist dabei nicht so relevant, wie beim Verfassen seitenlanger Texte. Wenn es also um die Umsetzung geht, solltest du dir ansehen, wie dein Plan in der Realität aussehen könnte:

1. *Wie oft:* Wie oft willst du dich zeigen? Sprich, wie regelmäßig erscheint neuer Content von dir? Kannst du jeden Tag etwas für deine Sichtbarkeit tun oder nur ein Mal pro Woche?
2. *Wie viel:* Wie viel Content kannst du erstellen? Welche Kapazitäten hast du zur Verfügung? Wie schnell bist du in der Umsetzung? Wo brauchst du Hilfe oder Unterstützung?
3. *Wie gut:* Kennst du dich mit den einzelnen Tools aus, womit bist du vertraut und in welcher Qualität willst du dich zeigen? Perfektion ist hier nicht gefragt. Sondern authentisch zu sein.
4. *Wie schnell:* Wie schnell kannst und willst du wachsen? Denn mehr Sichtbarkeit bringt in der

Regel auch mehr Wachstum. Werde dir klar darüber, wo und wie du wachsen willst und kannst, um auch weiterhin alles gut unter einen Hut zu bekommen.

Vielleicht erscheinen dir diese Fragen ein wenig zu simpel. Aber je besser du dich damit auseinandersetzt, die Antworten schriftlich festhältst, dir klare Ziele setzt, desto eher siehst du die gewünschten Ergebnisse. Gerade das tägliche Auseinandersetzen mit deinem Warum und deinen Zielen hilft dir dabei, den Fokus zu behalten und bestenfalls täglich das Richtige für deine Sichtbarkeit zu tun. Denn zu schnell tust du sonst zwar viel, aber nicht die Dinge, die dich am besten dabei unterstützen, deine wahren Ziele zu erreichen. Denn wir wollen nicht grundsätzlich viel tun, sondern das Effektivste.

Excel- oder Google-Spreadsheet-Listen helfen dir dabei, deinen Fortschritt zu verfolgen. Ein einfaches Tracking, also Verfolgen deines Wachstums, reicht dazu schon aus. Ob das nun deine Fans auf Facebook sind, deine Follower auf Instagram oder die Anzahl deiner Presseberichte. Gewöhne dir an, diese mindestens einmal pro Woche festzuhalten. Solche Statistiken zeigen dir wunderbar, wie deine Wachstumskurve aussieht, sie motivieren und du kannst rückblickend sehen, wie sich deine Sichtbarkeit entwickelt hat. Auch wenn diese Zahlen anfänglich noch klein sind – denke einfach daran, jeder hat bei null angefangen!

Visualisiere daher immer wieder dein Ziel, dein Warum und wie es sein wird, wenn du deine Ziele erreicht hast. Je mehr Details du für dich sehen, fühlen, hören und spüren kannst, umso besser hast du dein Ziel innerlich verankert. Auch wenn die ein oder andere Aktivität nicht sofort das gewünschte Resultat bringt, hilft dir dieses Zielvisualisieren dabei, weiterzumachen. Denn nicht das einzelne, losgelöste Ergebnis zählt – sondern dein Gesamtziel, dein Big Picture. Und jeder Schritt, den du darauf zu machst, bringt dich voran. Auch die, die gefühlt mini waren. Das kann einerseits ein Kommentar zu einem Post sein, der neue Blogartikel, eine Rezension, die du schreibst und andererseits die Veröffentlichung deiner Pressemeldung oder das Video, das gerade viral ging. Sieh jede Maßnahme als kleinen Puzzlestein an. Jeder hat seine Aufgabe. Manche sind scheinbar unspektakulär, doch in Summe ergeben alle zusammen das perfekte Bild. Es ist also niemals relevant, ob eine Sache exakt so ausfiel wie geplant, sondern ob du dir das entsprechende Feedback daraus holst, lernst und weitermachst.

Achte auf dein Umfeld

Allzu gern hört man, dass die fünf wichtigsten Menschen in unserem Umfeld uns am meisten prägen. Wir sind insgesamt der Durchschnitt dieser fünf. Wir verdienen den Durchschnitt aller Einkommen, haben die durchschnittliche Ausbildung, lesen durchschnittlich viel oder wenig, ernähren uns dem Durchschnitt entsprechend und denken auch so. Menschen modellieren unbewusst ihr Umfeld und passen sich an. Wir fühlen uns von denen angezogen, die so sind wie wir. Zugehörigkeit ist eines der wichtigsten Grundprinzipien unseres Überlebens.

Was für eine Gruppe wundervoll ist, kann auf der anderen Seite eine enorme Herausforderung werden, wenn du dich veränderst. Denn Sichtbarkeit ist Veränderung. Deine (neuen) Ziele sind vielleicht auch größer als bisher und deine Vision passt eventuell nicht in die Welt dieser fünf Menschen.

Dein Umfeld hat also einen enormen Einfluss auf deinen Erfolg. Meist merken wir gar nicht, wie unser Partner, die Kollegen, Freunde uns beeinflussen. Denn es passiert nicht über Nacht, sondern schleichend, über einen langen Zeitraum.

Wie reagiert dein engstes Umfeld, wenn du deine Visionen mit ihnen teilst? Hörst du eventuell:

- Du bist doch eh schon so gut, warum willst du denn noch mehr?
- Mach doch endlich mal Pause. Es reicht doch schon längst!
- Ja, ja – selbst und ständig. Wir gehen jedenfalls mal zur Party.
- Willst du jetzt gar reich werden, oder was?
- Bleib lieber mal schön am Boden!
- Und was ist ein »realistisches« Ziel?

Dein Umfeld hat enormen Einfluss auf dich. Nicht, weil sie dich aktiv bremsen wollen, sondern viel mehr, weil sie wollen, dass alles so bleibt wie bisher.

Wachstum ohne Veränderung ist jedoch nicht möglich!

Wenn du immer wieder auf Unverständnis, Blockaden oder Hürden aus deinem Umfeld triffst, du nicht ernstgenommen wirst oder das Gefühl hast, niemand stärkt dir den Rücken, dann solltest du das ernst nehmen. Du wirst die Menschen in deinem Umfeld nicht ändern können, aber du kannst deine Einstellung ändern und dein Umfeld ebenso.

Auf dem Weg an die Spitze brauchst du Verbündete. Menschen, die so denken und fühlen wie du. Menschen, die ebenso ambitionierte Ziele haben wie du und für ihr Tun brennen. Denn wenn dein Umfeld aus erfolgreichen Unternehmern besteht, wird auch dein Erfolg wesentlich schneller vorankommen, als wenn du mit zwar über die Jahre hinweg liebgewonnenen, aber uneinsichtigen Menschen deine Zeit verbringst.

Erlaube dir, dein Umfeld deinen Zielen anzupassen. Such dir Menschen, die dich verstehen, dich unterstützen, dich begleiten und inspirieren. Menschen, die dir Mut machen, dich fördern und motivieren. Neinsager gibt es viel zu viele auf dieser Welt. Was du für deinen Weg brauchst, sind Jasager! Denn nur du kannst für deinen Traum einstehen, ihn umsetzen und wahr werden lassen. Niemand sonst wird das für dich tun. Doch mit dem passenden Umfeld wird der Weg dorthin wesentlich einfacher.

Mach daher einfach mal Inventur. Wer tut dir gut in deinem Umfeld? Wer glaubt an dich? Von wem bekommst du neue Energie? Und auf der anderen Seite – bei wem fühlt es sich anstrengend an, wenn du über deine Business-Ziele sprichst? Wer hat kein Verständnis für dein Vorhaben, wer versucht es eventuell dir auszureden oder dich fest am Boden der Tatsachen zu behalten? Mach dir eine einfache, aber augenöffnende Liste, teile sie in zwei Spalten. Links kommen die Namen der Menschen, die dir nicht guttun. Rechts, die Namen derer, die dich unterstützen. Keine Sorge – niemand sieht diese Liste, außer dir. Aber mach sie. Sei so ehrlich wie nur möglich. Verschone niemanden, wenn du für dich spürst, auf welcher Seite der Name stehen sollte.

Nun liegt es an dir, dich zu entscheiden. Willst du deinen Traum umsetzen, sichtbar werden und Spuren auf dieser Welt hinterlassen? Dann verbringe ab sofort so viel Zeit wie nur irgend möglich mit den Menschen auf der rechten Seite deiner Liste und schau, dass du sie laufend erweitern kannst.

Ich erstelle meine Liste mindestens einmal pro Jahr. Meist, wenn ich meine Jahresziele definiere. Denn dann sehe ich sehr klar, wo ich etwas verändern darf, was ich noch aktiv in meinem Umfeld brauche und worauf mein Fokus in diesem Bereich liegen wird. Das verändert nicht nur deine eigene Energie, sondern dein gesamtes Leben.

Dennoch kann man manche Menschen nicht komplett aus seinem Leben verbannen oder möchte es schlichtweg nicht. Das ist völlig okay. Aber dann vermeide die Themen, die dich Energie kosten. Sprich einfach über anderes, es gibt so vieles, worüber man sich unterhalten kann. Überlege dir im Vorfeld Antworten, die du geben kannst, wenn du merkst, es geht wieder um deine Ziele. Löse dich davon, dass jeder in deinem Umfeld, ebenso Feuer und Flamme für deine Vision ist. Nimm die Dinge nicht persönlich und verfolge nicht jeden Zweifel anderer bis in die letzte Ecke, denn sonst kommst du niemals voran. Lerne, dich abzugrenzen, wenn es sein muss, und finde Wege für dich, in deiner positiven Energie zu bleiben. Mir gelingt das am besten durch mein tägliches Journaling, meine Accountability-Partnerin, mit der ich täglich telefoniere, meine Mastermindgruppen, mein Umfeld, das mich stärkt, wenn ich es mal brauche, Podcasts, die mich aufbauen, motivierende YouTube-Videos oder Beiträge von Menschen, die ich sehr bewundere. Achte darauf, dass du deine tägliche Dosis an Inspiration niemals vergisst. Sie baut dich auf, macht dir Mut und hilft dir, deinen inneren Schutzschild gegen Neinsager nach und nach weiter aufzubauen.

Je früher am Tag du dich mit Dingen umgibst, die dich motivieren und aufbauen, umso leichter und einfacher kommst du durch einen erfolgreichen Tag. Leg dir einen YouTube-Channel mit deinen Favoriten an, erstelle eine Power-Playlist, die dich in Schwung bringt und dich sofort in gute Laune versetzt, visualisiere dein Ziel, such dir Sprüche, Zitate oder Bilder, die dir immer wieder Kraft geben und dich an dein Warum erinnern. Du selbst bist die größte Energiequelle für deinen Erfolg – kümmere dich gut darum.

Sichtbarkeit ist keine Kunst. Sichtbar zu sein, ist eine Einstellung.

Dieses Jahr kann großartig werden. Für dich, dein Business, deinen Umsatz, deine Ziele und für deine Kunden. Für all die Menschen, die du erreichen kannst durch das, was du tust. Sei es, dass Dinge für sie leichter oder einfacher werden, dass sie kreativer, fröhlicher, gesünder, schneller oder langsamer werden. Vielleicht ermöglichst du ihnen zu gehen, zu lesen, zu hören. Wieder zu lieben, zu lachen. Mehr Zeit mit ihren Familien zu verbringen, sich sicherer zu fühlen oder mehr Geld zu verdienen. Vielleicht rettest du Tiere, die Umwelt, das Universum. Was immer du tust – du veränderst durch dein Tun die Welt.

Und wenn du das, was du kannst, für dich behältst, dich zurückhältst und nicht alles dafür tust, dass noch mehr Menschen davon erfahren, tust du nicht nur dir keinen Gefallen – sondern du tust der Menschheit keinen.

Du bist in der wahnsinnig glücklichen Lage, ein Unternehmen zu führen oder kannst dir Gedanken darüber machen, eines zu gründen. Du kannst dich damit beschäftigen, sichtbarer zu werden, zu wachsen, zu expandieren, neue Märkte, mehr Kunden zu erreichen und dadurch auch selbst mehr erreichen zu können.

Ganz gleich wie groß deine Vision ist, du erreichst sie Schritt für Schritt. Jeden Tag. Mit großen und ganz kleinen Dingen. Hauptsächlich aber mit Neugierde und Mut.

Sichtbarkeit braucht manchmal Mut. So wie viele andere Entscheidungen in deinem Alltag ebenso.

Für meine online Sichtbarkeit verwende ich

- meinen Blog auf meiner Webpage,
- mein Facebook-Profil und meine Facebook Fanpage,
- Instagram,
- LinkedIn,
- XING,
- Twitter,
- Snapchat,
- Youtube.

Du brauchst – gerade zu Beginn – nicht alles zu verwenden. Such dir dein Ding, werde selbst zur Marke. Beschließe aber von Beginn an, nicht nur mittelmäßig zu werden. Denn es gibt schon zu viele, die nur im Mittelfeld spielen und dort mittelmäßige Erfolge feiern. Dieses Durchschnittsdenken bringt dich aber weiter und hilft dir auch nicht, deine mittelmäßigen Ergebnisse richtig zu interpretieren.

Denn auf diesem Niveau bleibst du entweder stecken und kommst weder deutlich vor noch zurück, oder du gibst dich zu schnell mit dem zufrieden, was du hast, verlierst das ganz große Bild aus den Augen und lässt zu, dass deine Vision schrumpft.

Social Media und alles, was du online tun kannst, hat eine wesentlich größere Reputation als so ziemlich jede andere Art des Marketings. Werde daher zum Praktiker und verbessere dich jeden Tag. Lerne aus allem, was du tust. Es gibt kein Richtig oder Falsch. Es gibt nur ein Nicht-Getan.

Nimm dir vor, der oder die Beste zu werden, mit dem, was du tust. Einfach, weil du es kannst. Fokussiere dich auf das, was wirklich wichtig ist. Immer und ausschließlich. Die Möglichkeiten, deine Zielgruppe exakt zu targetieren, sind nirgends besser als in Social Media. Du kannst nicht nur die richtigen Menschen, sondern sie auch zum richtigen Zeitpunkt erreichen. Social Media und Online-Marketing funktionieren perfekt, wenn du die Tools verstehst.

Online-Marketing nicht zu nutzen, ist, als ob du dich weigerst, das Licht einzuschalten, wenn es dunkel wird. Denn im Dunkeln bist du auch nicht zu entdecken, ebenso wenig, wie wenn du dich on- und offline nicht zeigst.

Konzentriere dich auf das, was dein Business voranbringt. Kreiere laufend neuen Content und lerne zu verstehen, was warum auf welchem Kanal bei dir funktioniert.

Sichtbarkeit ist ein Marketingtool. Ein Instrument. Dein Werkzeug, um deine Ziele zu erreichen. Scheust du dich davor, dann ist dein Warum nicht stark genug. Vertraue auf deine Intuition und zögere nicht zu lange. Denn Zögern macht nur Platz für Zweifel und gibt dir die Chance, dich aus der ganzen Sache selbst herauszureden.

Nicht jedem Menschen wird gefallen, was du tust. Wie auch dir nicht alles gefällt, was du siehst. Vieles wird dir egal sein, manches wird dich aufregen, vielleicht enttäuschen oder kränken. Doch wenn du selbst dein größter Fan bist, lernst du damit umzugehen. Wie damals auf dem Schulhof. Frage dich immer wieder: Ist das, was gerade passiert ist oder gesagt wurde, auch in zehn oder dreißig Jahren relevant? Wirst du dich wirklich daran zurückerinnern? Wird es dein Leben verändert oder geprägt haben, und zwar so dermaßen, dass du gänzlich andere Wege eingeschlagen hast? Nein? Gut – dann ignoriere es und kümmere dich wieder um das, was tatsächlich relevant für dich ist.

Wir leben in einer Welt, in der wir stets alles sofort haben können. Wir brauchen nicht bis nächste Woche zu warten, um die nächste Folge unserer Lieblingsserie zu sehen, das Lieblingsessen können wir sofort bestellen, Bilder, Musik, Filme können wir sehen, wann immer wir wollen. Geduld ist heute etwas, das wir beinahe verlernt haben. Selbst beim Date brauchen wir nicht voll Unsicherheit warten – eine Nachricht genügt und wir wissen Bescheid. Das Handy ist unser ständiger Begleiter geworden und liefert uns immer und überall alle Infos, die wir brauchen. Klicks, Likes, Kommentare, Shares, Aufrufe, Reichweite, Veröffentlichungen, Empfehlungen – alles ist immer dabei.

Doch Sichtbarkeit braucht Zeit. Auch wenn kleine Schritte hier und da sofort Wirkung hervorrufen, das große Ganze zeigt sich erst im Lauf der Zeit. Wirf nicht das Handtuch, weil du nicht innerhalb von drei Wochen zum Superstar geworden bist. Bleib dran, auch wenn dein YouTube-Kanal auch nach einem Jahr noch keine 10.000 Abonnenten hat. Jeder hat bei null angefangen. Jeder hat Rückschläge eingesteckt. Jeder hat gelernt. Wachstum gibt es nicht als Instant Push Notification. Werde gut und täglich besser darin, sichtbar zu werden. Entwickle deine Strategie und verbessere deine Fertigkeiten. Sichtbarkeit ist ein Werkzeug. Lerne, es richtig zu nutzen und einzusetzen. Verbessere dich. Hol dir Hilfe, wenn nötig.

Eines der Dinge, die am meisten vernachlässigt werden, dich jedoch am meisten voranbringen ist das Tun! Stecke Arbeit rein und du wirst exakt das erreichen, was du willst. Und durch deine Sichtbarkeit deine Ziele, Träume und Visionen erfüllen.

Denn dein Erfolg ist stets nur eine bewusste Entscheidung.

TEIL 2

33 Ideen für deine Sichtbarkeit

1. Personal Branding

Was verbindest du mit Madonna, Daniela Katzenberger, Kim Kardashian, Rihanna, Richard Branson, Dieter Bohlen oder James Bond? Ich gehe davon aus, dass du sofort Bilder dazu im Kopf hast. Eigenschaften, die die Person ausmacht, Charakterzüge, Werte die ihnen wichtig sind. Das ist Personal Branding!

Eine Marke ist die Summe aller einzelnen Elemente, Emotionen und Vorstellungen, die ein Mensch mit einem Markenzeichen verbindet. Klassische Marken definieren sich zudem über ein Logo. Hat man erstmal Vertrauen in eine Marke aufgebaut, werden Kaufentscheidungen wesentlich schneller getroffen – meist nur, weil der entsprechende Markenname auf dem Produkt steht. Marken bilden Vertrauen.

Personal Branding funktioniert nach demselben Prinzip. Ist aber wesentlich flexibler. Denn Personal Branding richtet sich nicht nach dem Produkt, sondern nach der Person – also dir. Du bist die Marke. Und du entscheidest, wofür dein Markenbild steht. Personal Brands, das sind du und ich und jeder einzelne Mensch auf dieser Welt. Somit kann ein Banker, ein Innenarchitekt, die Stilberaterin, die Fachangestellte ebenso wie der Generaldirektor oder die Vorstandsvorsitzende zur Marke werden.

Als Personal Brand stehst du für etwas. Für deine Meinung, deinen Lebensstil, deine Art, wie du die Dinge tust. Du zeigst Ecken und Kanten, Eigenheiten, die nur du hast und lebst diese bewusst aus. In all deinen Aktivitäten kommen diese Dinge klar zum Tragen.

Beatrice Drach aus Wien, Fitnesscoach und Impulsgeberin für mehr Fitness, Kraft und Balance, ist so viel mehr als nur Personaltrainerin. Sie steht für Lebensfreude, Humor und klar für die Farbe Pink. So hat sie schon den Ruf der »Pink-Lady«. Wie gut Personal Branding in ihrem Fall funktioniert, zeigen die Zusendungen, die sie auf Social Media erhält: Fotos von besonders pinken Gegenständen, pinken Sport-Accessoires oder Outfits. Ohne Personal Branding wäre Beatrice nur eine von vielen Personal Trainern. Mit, ist sie die laufbegeisterte Pink-Lady und man erkennt an ihren Social-Media-Beiträgen jeweils sofort ihren unverkennbaren Stil.

Nicht das Logo macht dich zur Personal Brand oder die Schrift, die du wählst. Sondern, wie du dich zeigst. Welche Geschichte du erzählst und welchen Einfluss diese auf deine Fans hat. Warum sollte ich dir zuhören, von dir lesen, von dir lernen, dir folgen und mich mit dir identifizieren?

Entwickle deine eigene Stimme, die nicht zu verwechseln ist, ähnlich wie bei Sängern oder Musiker. Steh für etwas, was dir wirklich wichtig ist. Agiere stets nur nach deinen Werten und Zielen und behalte deine Vision im Auge – was willst du letztendlich erreichen? Wer willst du sein? Wofür möchtest du stehen? Was sollen die Menschen über dich sagen? Jetzt und eines Tages. Je klarer dieses Bild für dich ist, je stärker du dies in dir verankert hast, desto bedeutungsvoller wird deine Personal Brand. Umso mehr Spuren wirst du hinterlassen und die Menschen in deinem direkten und indirekten Umfeld erreichen. Personal Branding hat nichts mit deinem Logo, der Schriftart oder den Farben zu tun, die du verwendest. Personal Branding – das bist du. Unverwechselbar. Echt. Pur. Indem du deine Stärken, Ecken und Kanten auslebst, weiter prägst und authentisch bist.

Fokussiere dich auf deine Stärken, das ist alles, was zählt. Denn niemandem ist geholfen, wenn du auf deinen Schwächen herumreitest und immer weiter versuchst, diese auszumerzen. Nimm sie an. Sie sind ein Teil von dir. Gehören zu deinen Ecken und Kanten. Machen dich zu dem, wer du bist! Wenn du dir nicht sicher bist, welche das sind, frage Menschen in deinem Umfeld, was sie als deine Stärken ansehen. Such dir Unterstützung für die Dinge, die du nicht so gut kannst.

Nicht deine Personal Brand macht dich zum Experten oder deine Sichtbarkeit. Sei bereits Experte in dem, was du tust. Sei so gut es nur irgendwie geht und werde täglich besser. Arbeite an dir und deinem Knowhow. Teste, lerne, verbessere. Mache Fehler und sammle neue Erfahrungen. Das macht dich zum Experten. Und sobald du dich behauptet hast, bilde deine Personal Brand. Denn dann bist du authentisch und die Menschen nehmen dir ab, worüber du sprichst und was du vorlebst.

Hab ein durchgängiges Farb- und Schriftschema. Das hilft dir dabei, deinen Wiedererkennungsfaktor zu erhöhen. Wähle aber Farben und Schriften, die zu dir passen. Sind sie stark, exzentrisch, zurückhaltend, futuristisch, verspielt. Wer bist du und wer möchtest du werden? Das sollte sich darin widerspiegeln.

Mach deine Eigenheiten sichtbar. Wenn du bestimmte Phrasen verwendest in deiner Sprache, verwende sie auch in deinem Branding. Stehst du auf eine bestimmte Band oder bist du eingefleischter Fan einer Mannschaft, lass es mit einfließen. Denn all das bist du!

Entwickle einen einzigartigen Slogan. Hab Fotos von dir, die deine Marke repräsentieren. Bilder, die zeigen, wofür du stehst. Gute Fotografen, vor allem jene, die sich auf Brand Shootings spezialisiert haben, helfen dir, genau das richtige Bild von dir zu transportieren.

Definiere, wie du als Marke gesehen werden willst. Google dich selbst und schau, was du findest. Entsprechen die Einträge dem, wofür du stehen möchtest oder ist das Bild irgendwie unrund, unklar?

Wie bei allen großen Dingen – sie entstehen nicht über Nacht. So auch nicht deine Marke. Arbeite täglich daran, aber hab die Geduld, sie wachsen zu lassen.

Eine Personal Brand bleibst du dein Leben lang, nicht nur einen Sommer.

2. Hab einen Namen – sichere dir eine Namensdomain

Wenn du kein klassisches physisches Produkt hast, das du als Marke etablieren willst, dann denke daran, dass du die Marke bist. Ideen kommen und gehen – doch dein Name bleibt. Selbst wenn du in einigen Jahren etwas gänzlich anderes tust, dein Name bleibt den Menschen in Erinnerung. Ist dieser erst als Marke etabliert, kannst du dich, sofern du möchtest, wunderbar weiterentwickeln und von deinen vorherigen Erfolgen profitieren. Damit ersparst du dir, immer wieder komplett neu anzufangen und jedes Mal wieder bei null starten zu müssen. Von Jahr zu Jahr wird dein Name immer etablierter, bekommt mehr Ecken und Kanten. Es ist wie bei einem Schauspieler oder Rockstar – man weiß, was man bekommt. Elvis, Robbie Williams, Madonna, James Bond. Sie stehen für einen bestimmten Stil, für einen Lebensstil, für eine Einstellung. Und bekanntlich wurden viele davon mit den Jahren immer besser. Dein Name ist das, worin du investierst und die Rendite soll dabei von Jahr zu Jahr besser werden.

Damit klärt sich auch die oft gestellte Frage nach dem Domainnamen: Wann immer es geht, wähle deinen eigenen Namen. Ist dieser schon vergeben, dann versuche Varianten zu finden, die dennoch passen. So hat beispielsweise LuckyBitch gerade den Wechsel gemacht zu ihrem Namen – Denise Duffield-Thomas – weil sie hiermit noch mehr Spielraum für weiteres Wachstum und Erweiterung ihrer Marke findet.

Für Frauen stellt sich dabei öfter die Frage, sollte der Mädchenname oder der eventuell vom Partner angenommene Name verwendet werden. So wie auch bei mir beispielsweise. Da meine Personal Brand nach der Namensänderung entstand, habe ich den Namen meines Mannes selbst nach unserer Scheidung behalten – weil er für mich zur Marke geworden ist. Freilich soll das jeder für sich selbst entscheiden, aber ich mag den Namen und fühle mich weiterhin wohl damit, ihn zu tragen.

Selbst wenn du heute noch nicht als Personal Brand aktiv bist, sichere dir alles, was du bekommen kannst. Die Nachfrage nach Namensdomains wird nicht weniger, die Nutzer der sozialen Netzwerke auch nicht. Ein überall gleicher Username hilft deiner Community dabei, dich leicht zu finden und sich mit dir zu verbinden und wertet deinen Namen weiter auf. Zudem liebt auch Google Übereinstimmungen und je mehr die Suchmaschine findet, desto besser deine Sichtbarkeit. Selbst dann, wenn du dich jetzt entschließt, noch nicht auf allen sozialen Netzwerken aktiv zu sein. Besser du hast später die Möglichkeit, deinen Namen zu nutzen, als auf irgendeine Alternative ausweichen zu müssen. Dein Name ist dein Kapital – egal ob du in zehn Jahren etwas gänzlich anderes tust als heute. Damit wird dein Name freilich auch ein wenig zur Verpflichtung, aber er kann dir im Lauf der Zeit wesentlich leichter die richtigen Türen öffnen.

Registriere dir eine Namensdomain, zum Beispiel MeinName.com. Ist diese nicht mehr frei, versuche Kombinationen. Auch die Domainendungen können dir Spielraum geben. Es gibt mittlerweile viele Varianten wie beispielsweise .info, .coach, .work oder auch .wien. Ist dein Name bereits vergeben, ergänze die Initiale von deinem mittleren Namen und richte dir dazu passend eine persönliche E-Mail-Adresse ein, nicht HotnSexy@ Hotmail.com. Achte darauf, dass du auf allen sozialen Netzwerken – sofern möglich – den exakt gleichen Usernamen verwendest.

Und wenn du Kinder hast, registriere auch für diese bereits Domains. Sie werden es dir vielleicht eines Tages sehr danken.

3. Hinterlasse Spuren – nutze deinen Namen aktiv

Wenn es darum geht, online sichtbar zu sein, ist es vor allem wichtig, dass dein Name so oft wie möglich auftaucht. Und zwar nicht nur auf deinen eigenen Social-Media-Kanälen oder auf deiner eigenen Webpage, sondern vielmehr weit gestreut über das ganze Internet. Gerade zu Beginn kann das ein essentieller Weg sein, um rasch eine Grundbekanntheit aufzubauen und den Menschen das Gefühl zu geben, du wärst sprichwörtlich überall. Da sich diese Einträge im Lauf der Zeit subsumieren, kannst du in weiterer Folge das Tempo wieder ein wenig rausnehmen, aber zu Beginn gilt: Vollgas.

Lege dir dazu ein Gravatar-Konto an. Gravatar ist ein kostenloses Tool von WordPress, wodurch du auf allen Wordpress-Seiten stets auch mit deinem Profilbild vertreten bist, wenn du einen Kommentar hinterlässt. Zudem kannst du bei Gravatar Informationen über dich, deine Webpage und deine Tätigkeit hinterlegen. Wer sich also dein Gravatar-Konto ansieht, erfährt gleich eine Menge Infos über dich.

Erstelle dir außerdem eine Liste von Webseiten aber auch Influencern, Podcasts, Journalisten und möglichen Multiplikatoren für dich. Wer sollte dich kennen? Wer sollte wissen, dass es dich und dein Angebot gibt? Je umfangreicher deine Liste, umso besser hast du recherchiert. Einhundert oder mehr dürfen es gerne sein. Definiere die zehn bis 20 wichtigsten auf deiner Liste. Bei diesen Personen bist du besonders aktiv. Bei den übrigen zumindest regelmäßig, beispielsweise ein- oder zweimal pro Monat. Verwalten kannst du dies entweder in einer einfachen Excel-Liste oder mit Tools wie Contactually. Einer großartigen Software zur Kundenverwaltung. Dort kannst du nicht nur sehr übersichtlich die entsprechenden Kategorien deiner Kontakte anlegen, sondern auch definieren, in welchen Zeiträumen sie dir zur Wiedervorlage gezeigt werden. Dennoch gilt – je mehr du schaffst, desto besser und umso schneller wird sich dein Name als Marke etablieren. Hinterlasse Kommentare auf deren Webpages, verfolge die Aktivitäten auf Facebook & Co, like, teile und kommentiere, folge ihnen auf Instagram und sei auch dort aktiv bei ihren Profilen. Teile deine Meinung, gib ehrliches Feedback, stelle Fragen, suche aktiv die Interaktion. Binnen kürzester Zeit wird dein Name hervorstechen. Auch Amazon eignet sich dafür sehr gut – wenn die Person beispielsweise ein Buch veröffentlicht hat, schreibe eine Rezension oder schicke dein Feedback persönlich an den Autor. Lass ihn wissen, wie und warum dir das Buch geholfen hat. Schreibe Leserbriefe an Journalisten oder E-Mails mit Feedback zu deren Artikeln oder Recherchen, biete aber auch aktiv dein Know-how an, wenn es sich um dein Spezialgebiet handelt. Verwende bei allem immer deinen kompletten Namen, nicht irgendein Pseudonym oder »Susi1975«. Wichtig bei all dem – sei immer du selbst. Es geht nicht darum, jemandem Honig ums Maul zu schmieren oder sich einzuschmeicheln. Doch ehrlicher Kontaktaufbau macht sich langfristig immer bezahlt. Wichtig – bleib dran. Mach es nicht nur einmalig, sondern kontinuierlich. Mindestens für sechs Monate. Markenaufbau gelingt am besten, wenn du konsequent bist.

Auch Google mag diese Art von Konsequenz. Denn je öfter dein Name auftaucht, desto höher bewertet Google deine Relevanz und Wichtigkeit und dankt es dir mit einem besseren Ranking.

4. Finde deine Stimme – nur du bist, wie du bist

Der Rat einer meiner ersten Mentorinnen, um meine eigene Stimme zu finden, war, mich zu fragen: Was kotzt mich an? Was bricht mir das Herz? Auch wenn ich diesen Ansatz damals ziemlich gewagt fand, hilft er enorm dabei, herauszufinden, was du tatsächlich sagen möchtest. Denn Blabla gibt es da draußen schon genug. Wenn du herausstechen willst aus der Masse, darfst und sollst du anders sein. Überlege dir gut, was deine eigenen Werte sind, was deine Überzeugungen. Wofür brennst du, was treibt dich zur Weißglut und weshalb? Wir haben in unserer Kindheit und Jugend viel zu oft gehört: »Das sagt man nicht! Das tut man nicht!«, – doch genau jetzt darfst du es: aussprechen, was du denkst. Denn dadurch verschaffst du dir eine Stimme. Deine Meinung ist nur deine Meinung und je klarer du sie auf den Punkt bringst, desto eher stichst du aus der Masse der Mittelmäßigkeit heraus. Ja, es bedarf auch ein wenig Mutes. Aber es ist die Chance für dich und dein Business, tatsächlich wahrgenommen zu werden als das, was es ist: einzigartig.

Wenn du ein Megaphon zur Hand hättest und damit alle für dich relevanten Menschen auf dem gesamten Planeten erreichen könntest – was exakt würdest du ihnen sagen wollen? Was brennt dir auf der Seele? Was möchtest du, dass sie unbedingt verstehen, erkennen, verändern? Je eher du in deiner Kommunikation aufhörst, um den heißen Brei zu reden und sagst, was du wirklich sagen möchtest, desto schneller wirst du dir einen Namen machen. Im wahrsten Sinne des Wortes.

Habe einen klaren Standpunkt und stehe dazu. Bestelle dazu ruhig 90 Prozent aller Newsletter ab, lies keine Online-Beiträge mehr zu deinem Thema, lege Fachmagazine und Branchentrends zur Seite und fokussiere dich auf dich. Suche deine Botschaft, deinen Standpunkt in dir, nicht in den Texten anderer. Je weniger du dich von den anderen ablenken lässt, desto eher findest du deine Stimme.

Nutze deine Erfahrungen, Emotionen und Eigenheiten, um deiner Marke diesen persönlichen Touch zu geben, den sie nur durch dich bekommen kann. Wann immer du denkst, dass unter einem Text von dir genauso gut ein anderer Name stehen könnte, weil er zu allgemein ist – überarbeite ihn. Bring noch mehr von dir hinein, noch mehr von deinen persönlichen Überzeugungen. Je ehrlicher, offener und direkter du bist, umso einprägsamer und nachhaltiger wirst du sein. Denn das schafft Vertrauen. Und Vertrauen ist die Basis für jeglichen Kauf.

Ein tolles Beispiel dazu ist Alexandra Widmer. Allein ihr Claim spricht für sich: Stark und alleinerziehend. Sie hat begonnen damit klar zu sagen, welche Herausforderungen auf Frauen warten, die alleinerziehend sind – egal ob mit Business oder ohne. Von ihrem Standpunkt, ihrer Offenheit und ihrer ungeschönten Ehrlichkeit haben sich sofort zigtausende Frauen angesprochen gefühlt. Sie hat mittlerweile ein Buch veröffentlicht, hat den Emotion Award 2017 in der Kategorie »Soziale Worte« erhalten, gibt laufend Interviews, wird als Expertin für Radio, Print und TV eingeladen, hält regelmäßig Vorträge und ist sogar politisch aktiv geworden, um das Thema noch öffentlicher zu machen.

Ratgeber für Alleinerziehende gab es auch vorher schon genug. Doch erst durch die Art, wie Alexandra das Thema aufgegriffen hat, durch ihren persönlichen Touch, ist es etwas so Besonderes geworden. Habe den Mut, zu dem zu stehen, was du tatsächlich sagen und vermitteln möchtest. Auch wenn es am Anfang eventuell Überwindung kostet, öffentlich ehrlich zu sein. Langfristig ist es das Beste, was du tun kannst.

5. Erzähle deinen Weg – warum bist du, wer du bist?

Storytelling ist heute aus dem Marketing-Jargon nicht mehr wegzudenken. Gemeint sind damit nicht Märchen, sondern es geht dabei darum, Wissen in Geschichten einzubinden. Menschen lernen und verstehen Zusammenhänge leichter, wenn sie in einem Kontext sind. Das gilt für Kinder ebenso wie für Manager. Vor allem große Unternehmen und Marken nutzen Storytelling sehr aktiv. Fernsehwerbung ist das beste Beispiel dafür. Du kennst bestimmt die ein oder andere Werbung von REWE, Heineken, Sheba oder Coca-Cola. Sie alle erzählen in diesen wenigen Sekunden ganze Geschichten.

Diese sechs Worte werden Ernest Hemingway zugeschrieben und bringen damit sehr auf den Punkt, worum es beim Storytelling wirklich geht: Worte, die Bilder und Emotionen hervorrufen.

For Sale: Baby Shoes. Never worn.

Die wichtigste Story, die du jemals erzählen wirst, ist die über dich. Sie trägt den Titel »Wer bist du?«. Dein gesamtes Leben ist die lange Version deiner Geschichte. Alles, was du je erlebt, gesehen, erfahren und nicht getan hast. Alles, was du geträumt, gehofft und nicht erreicht hast. Ebenso all das, was du noch tun wirst, oder auch nicht. Das ist deine Story. Deine Fähigkeit, Menschen zu beeinflussen, steht in direkter Relation dazu, was diese Menschen über dich persönlich und dein Unternehmen wissen oder glauben zu wissen. Wie gut du sie erreichst, wird durch ihre eigenen Filter festgelegt, denn sie bewerten dich automatisch nach Vertrauenswürdigkeit, Integrität, Ambitionen und deinen Werten. Doch die meiste Zeit wirst du Menschen erreichen wollen, die dich noch gar nicht kennen, noch nichts über dich wissen. Du bist nichts weiter als ein Fremder. Und sie haben keinen Grund, dir zu vertrauen – weil sie die Teile deiner Story noch nicht kennen. Und Storys, die nur einen Teil erzählen, sind nicht gut. Menschen denken sich dann nämlich selbst ihren Teil dazu. Das ist zwar nicht rational, aber so ticken wir nun mal. Oder was denkst du, wenn dein Partner zu dir sagt »Wir müssen reden« oder dein Chef meint »Kommen Sie bitte in fünf Minuten in mein Büro!«? Automatisch vervollständigst du die Geschichte in deinem Kopf. Meistens nicht mit hochtrabenden Erfolgsgeschichten und Trommelwirbel, sondern eher mit dem Gegenteil. Du wirst dir Gedanken machen, dich eventuell sorgen und dich fragen »Habe ich etwas falsch gemacht?«. So vervollständigen Menschen eben Geschichten, denen Teile fehlen.

Logisch wäre, das Denken abzuschalten und abzuwarten, bis man mehr Informationen bekommt. Aber Menschen sind nun mal nicht rational. Fehlende Informationen werden so gut wie immer mit Worst-Case-Szenarien ausgeschmückt. Darum liegt es in deiner Verantwortung, Geschichten zu erzählen, die dem vorbeugen. Die die ganze Wahrheit zeigen und keinen Raum für Falschinterpretationen lässt. Zudem bilden sie Vertrauen und bauen deine Leadership-Position weiter aus. Dabei geht es nicht darum, den Menschen noch mehr Informationen zu geben, davon haben sie schon genug. Wir alle sind bis Oberkante Kinnlade vollgestopft mit Informationen. Worum es geht, ist die Vertrauensbasis. Sie wollen dir und deinen Worten vertrauen können.

Eine New-York-Times-Umfrage hat bereits im Jahr 1999 ergeben, dass Menschen andere Menschen generell zu 30 Prozent als vertrauenswürdig erachten. Wenn es jedoch um Menschen geht, die sie kennen, dann schätzen sie die Vertrauenswürdigkeit bei 70 Prozent ein. Was dir eben wieder zeigt, wie enorm wichtig es ist, dass dich die Menschen wirklich kennen, um dir vertrauen zu können.

Und so kannst du deine »Das bin ich«-Story erzählen:

- *Warum du?* Zeig mir auf, warum ich dir vertrauen solltest? Was zeichnet dich aus, auch qualitativ, über dein Thema zu sprechen? Welche Auszeichnungen, Rekorde, Qualifikationen, Anerkennungen, Lebenserfahrungen hast du gemacht, die dich zu jemandem machen, der über dieses Thema als Experte angesehen werden kann. Denke aber auch an Kreatives, Ehrliches, Leidenschaftliches oder Lustiges. Ob ich dir vertraue, liegt immer nur in meiner persönlichen Entscheidung.

- *Wann hast du brilliert?* Was hast du getan oder erlebt, was dich quasi zum Superstar gemacht hat? Wann haben Menschen zu dir aufgesehen oder dich bewundert? Was waren deine bisherigen Scheinwerfermomente?
- *Wann hast du es mal verbockt?* Die besten Meister sind die, die Fehler gemacht haben und aus diesen gelernt haben. Was waren deine? Was lief schief? Was hast du völlig in den Sand gesetzt? Wo hast du dich oder das Leben anderer beinahe ruiniert und was waren deine Erkenntnisse daraus?
- *Wer war dein Mentor?* Welcher Mensch hat dich am meisten geprägt oder als Erstes? Und damit meine ich nicht zwangsläufig deine Mutter oder deinen Vater. Wir alle haben Menschen in unserem Leben, die uns neue Richtungen aufzeigen, uns fordern und fördern. Wer war es bei dir und weshalb war dies eine besonders wichtige Erfahrung für dich?
- *Welches Buch, welcher Film, welche Veranstaltung war ein einschneidendes Erlebnis für dich?* Oftmals haben wir etwas gelesen, das uns tief berührt hat, oder einen Film gesehen, der uns die Augen geöffnet oder eine Veranstaltung besucht, die uns verändert hat. Gibt es so etwas in deinem Leben und wenn ja, was war es? Was war das Besondere daran, wodurch du heute bist, wer du bist?

Wenn du Antworten auf diese Fragen hast, und lass dir gern Zeit dazu, dann kannst du deine eigenen Storys schreiben. Ja, Mehrzahl. Denn du hast eine Menge Storys zu erzählen.

Formuliere nun zehn bis zwölf deiner Storys. Verbinde sie. Suche die Meilensteine in deinem Leben und beginne, darüber zu erzählen. Binde Storys in deine Kommunikation ein, in deinen nächsten Vortrag oder Präsentation. Übe mit jemandem, der dir ehrliches, gutes Feedback gibt. Und wenn du jetzt an den Text von deiner Über-mich-Seite auf deiner Webpage denkst, fällt dir bestimmt etwas ein, was dort wesentlich interessanter wäre, als das, was bisher dort steht. Denn denk immer daran – du willst Vertrauen aufbauen. Und das beginnt mit Ehrlichkeit.

6. Sei überall – setze nicht nur auf ein Pferd

Sichtbarkeit ist viel mehr, als nur auf Facebook zu posten. Social Media sollte in deinem Marketing-Mix deine Nummer-1-Priorität werden. Vor allem als Klein- und Mittelunternehmer, Entrepreneur. YouTube, Facebook, Snapchat und Instagram sind aktuell die Kanäle, mithilfe derer du am schnellsten wachsen und Reichweite aufbauen kannst. Wenn du hier aktiv, regelmäßig, sprich täglich, Inhalte postest, kann das ein regelrechter Turbo für deinen Personal Brand sein. Denn Social Media ist heute nicht mehr, was es mal war – es ist heute State of the Art in Bezug auf Internet.

Wenn du mit deiner Botschaft wahrgenommen werden willst, dann sind die oben genannten Kanäle, aber ebenso Plattformen wie Medium und all die nächsten, die noch kommen werden, immens wichtige Faktoren. In den letzten Jahren haben immer weniger Unternehmen auf organisches Wachstum mithilfe von Content gesetzt. Es war so einfach, über bezahlte Werbeanzeigen auf Facebook eine große Reichweite zu erzielen. Doch klar ist auch, je mehr das tun, desto höher werden die Preise. Auch heute noch sind die Anzeigenpreise auf den Social-Media-Kanälen unglaublich günstig. Was damit jedoch zurückgegangen ist, ist die Beharrlichkeit, die Passion dafür herauszufinden, welche Inhalte tatsächlich unglaublich gut ankommen, was funktioniert. Denn um ein paar Euro konnte man auch so gut »gesehen« werden.

Wenn du beispielsweise beginnst, Hashtags auf Instagram aktiv und bewusst einzusetzen, wirst du auch so im Lauf der Zeit extrem gut gefunden. Ganz gleich, ob du Installateur, Autor, Pizzalieferant oder Pfarrer bist. Und wenn du dann zusätzlich noch 50 bis 100 Euro pro Woche in Anzeigen investierst, kann das deine Reichweite explodieren lassen. Sofern du gute Inhalte hast! Denn kein Budget der Welt kann schlechte Inhalte richtig gut vermarkten. Oder schlechten Service oder ein zweitklassiges Produkt zum Bestseller machen. Das jedoch ist der Punkt, an dem es dann heißt: Bezahlte Anzeigen auf Facebook & Co bringen rein gar nichts.

Darum solltest du deinen Schwerpunkt unbedingt darauf legen, großartige Inhalte zu erstellen. Das ist nicht notgedrungen die teure Videoaufnahme im Studio – sondern der Inhalt zählt. Wenn du es brauchst, nimm dir eine Agentur, die dir mit Ideen hilft. Suche dir jemanden, der dich berät und mit dir die entsprechende Strategie entwickelt. Aber erstelle Inhalte. Je mehr desto besser. Du kannst nämlich niemals zu viel machen. Und platziere sie auf allen großen Social-Media-Kanälen. Bespiele alle. Schaffe Reserven, Zeit und Fokus für diese Tätigkeiten und du kannst zwei Drittel deines Werbebudgets einsparen. Ich bin immer wieder verwundert, wenn ich höre, wie viel Geld in Webpages, bezahlte PR-Arbeit, klassische Flyer oder Direct Mails investiert wird – wenn du doch via Social Media die Auslieferung quasi frei Haus haben kannst und zugleich wesentlich besser nachvollziehen kannst, was wirklich funktioniert und was nicht.

Dabei brauchst du Inhalte nicht für jede Plattform separat zu erstellen, sondern maximal anzupassen. Texte, die du für deine Webpage verwendest, kannst du auch auf Facebook posten. Aus Blogartikeln kannst du die Kernaussagen für deine Posts verwenden. Aus längeren Videos, kannst du einzelne, kleinere Passagen herausnehmen und Kurzvideos gestalten. Aus Texten kannst du Zitate oder Sprüche erstellen und diese auf Instagram oder Pinterest posten. Aus Vorträgen kannst du Mitschnitte verwenden. Aus Live-Videos Podcastfolgen veröffentlichen.

Wichtig dabei ist, dass du die Unterschiede der einzelnen Plattformen kennst. Facebook beispielsweise hat den Hauptaspekt zu unterhalten. Deswegen sind die Menschen dort. Bei Instagram hingegen dreht sich alles um schöne Bilder – jedes Bild soll sofort die Story dahinter erzählen. Twitter ist schon auf Grund des Aufbaus kurz und knackig, mit smarten Hashtags kannst du hier eine hervorragende, organische Reichweite erzielen. Erstelle Infografiken für Pinterest, Do-it-Yourself-Anleitungen und Zitate für Instagram oder Facebook. Wobei auf Facebook eigentlich alles funktioniert.

Passe deine Inhalte den jeweiligen Plattformen an, berücksichtige die Verhaltensweisen und Intentionen der jeweiligen Nutzer. Und poste nicht alle Inhalte ungefiltert gleichzeitig auf allen Plattformen. Damit tust du dir keinen Gefallen und deinen Followern auch nicht.

Nutze, um dir die Arbeit zu erleichtern, Tools wie Later.com, Post Planner oder MeetEdgar, um deine Inhalte automatisiert streuen zu können und auch Beiträge, die du schon hattest, immer wieder zu verwenden. Achte jedoch auch auf deine Statistiken. Lerne die verschiedenen Netzwerke und ihre Nutzer kennen. Analysiere, was gut ankommt und was weniger. Welche Zeiten sind für dich und deine Community die besten, wo kommen kürzere Videos, wo längere besser an. Welche Themen erlangen besonders viel Anklang? Wie hoch ist die jeweilige Interaktionsrate? Sprich, wie viele Follower/Fans kommentieren, liken oder teilen deine Inhalte? Von guten Werten spricht man hier aktuell bei Instagram von etwa fünf bis sechs Prozent, bei Facebook-Posts von etwa drei Prozent und bei Facebook-Videos von etwa zehn Prozent. Alles darüber ist natürlich immer erstrebenswert. Damit dir das gelingt, musst du verstehen, was deiner Community am meisten gefällt.

Aber poste nicht des Postens wegen, nach dem Motto

»Hauptsache viel«, sondern tu, was auch dir am meisten liegt. Du schreibst gerne – dann tu das. Du liebst die Kamera – dann mach Videos. Doch du hasst Podcasts, weil du deine Stimme nicht hören kannst, dann lass es. Nutze deine Stärken und tu, was dir am leichtesten fällt und am meisten Spaß macht. Social Media ist Kommunikation. Werde richtig gut darin, ein großartiger Kommunikator zu sein.

Wenn deine Reichweite wächst, weil du mit großartigen Inhalten die Menschen erreicht hast, bleib weiterhin bei deiner Qualität. Sooft sehe ich, wie es dann nur mehr um den Star-Faktor geht, aber nicht mehr darum, weshalb dir die Menschen zugehört haben. Sprich: produziere Inhalte für deine Community, nicht für dich! Die Menschen folgen dir, weil sie an dem interessiert sind, was du tust, nicht wer du bist.

Ja, es ist mehr Aufwand, als ein paar hundert Euro in Anzeigen zu investieren, aber es lohnt sich immens. Doch Social Media ist keine Einbahnstraße. Interagiere mit deinen Fans. Reagiere auf Fragen, Antworten, Kommentare. So baust du dir eine treue Fangemeinde auf, die ständig weiterwächst.

7. Zeig, was du kannst – gib, gib, gib, bevor du fragst

Ein Instagram-Guru, der weniger als 1.000 Follower hat. Ein Facebook-Profi, der selbst noch keine 500 Euro in Anzeigen investiert hat oder »Add« statt »Ads«

schreibt. Ein Life-Coach mit 21 Jahren. Ein Möchtegern-Influencer mit gerade mal sieben YouTube-Videos. Selbsternannte Expertinnen und Experten gibt und gab es schon immer zu Hauf. Doch in der Regel bleiben sie nicht lange. Denn so schnell wie sie gekommen sind, verschwinden sie auch wieder.

Der Spruch »Fake it till you make it« wird von sehr vielen nämlich einfach komplett falsch verstanden. Damit ist nicht gemeint, über alle Maßen zu übertreiben und sich selbst als etwas darzustellen, was man durch und durch nicht ist. Vielmehr ist damit gemeint, die eigene Einstellung zu haben, so zu agieren und zu denken, als wäre man bereits, wo man hinmöchte. Es geht also um die Einstellung und nicht um die Darstellung.

Damit die Menschen dir vertrauen, zeig, was du kannst. Bevor du großartig hinausposaunst, wie gut du hier oder dort oder da bist, belege es. Zeig deine Ergebnisse, deine Resultate. Zeig, was du erreicht hast. Sammle deine Erfahrungen, mach eine Menge Fehler und erst dann kannst du überlegen, ob du anderen beibringen willst, wie es geht. Dokumentiere deinen Weg und teile deine Erkenntnisse darüber, was geht und was nicht. Dadurch erhältst du Respekt und Anerkennung. Werde also richtig gut in dem, was du tust. Werde besser und verbessere dich weiter. Nur dann nehme ich dir ab, dass du auch mein Problem tatsächlich lösen kannst.

Du brauchst dich also in keiner Weise zurückzunehmen, was das Teilen von Informationen betrifft. Denn jeder kann sich heute alle Informationen kostenlos besorgen. Google, YouTube und Co machen es allen leicht. Versuche also erst gar nicht, Informationen zu verkaufen, außer genau das ist ausschließlich dein Geschäftsmodell.

Scott Keyes war immer auf der Suche nach günstigen Flügen. Er war beinahe schon davon besessen, stets den günstigsten Flug zu finden – und darin war er richtig gut! Zum Beispiel um 130 Dollar von New York nach Milan, und retour. Freilich wollten seine Freunde danach wissen, wie er solche einen Flug ergattert hatte, und er begann, ihnen diese Infos einfach per E-Mail zuzusenden. Extrem schnell, nämlich in nur knapp vier Jahren, hat sich seine Newsletter-Liste von diesen ersten 300 auf bald 600.000 vergrößert. Er war bereits unglaublich gut darin, die tatsächlich günstigsten Flüge zu finden, bevor er daraus ein Geschäftsmodell entwickelt hatte.

Da Scotts Idee ja nun schon vergriffen ist, kannst du seine Methode aber dennoch aufgreifen. Er hatte zuerst seinen Freunden die Informationen weitergegeben. Hatte gezeigt, wie wertvoll sie sind. Viele haben daraufhin mit seinen Tipps unverschämt günstige Flüge ergattert.

Gerade im Online-Bereich ist es enorm leicht, sich ebenso dieses Ansehen aufzubauen. Indem du gibst. Viel mehr, als du nimmst. Gib Tipps und Ideen weiter, sei hilfsbereit, wenn Fragen gestellt werden, teile deine Erfahrungen. Sei aktiv auf Social Media und belege dein Know-how durch die Beantwortung von Fragen.

Gary Vaynerchuk ist unter anderem durch seine mittlerweile legendäre #AskGaryVee-Show so dermaßen gewachsen, weil er hier angehenden Start-ups und Entrepreneuren unentwegt all ihre Fragen beantwortet. Auch viele seiner Vorträge beinhalten den Q&A-Part, weil seine Fans genau das so sehr an ihm lieben. Er ist direkt, knackig und stets am Punkt mit seinen Antworten. Auch, wenn sie nicht jedem Fragesteller gefallen, denn er ist unverblümt ehrlich.

Welches Format kannst du aufstellen? Eine wöchentliche Facebook-Live-Fragestunde? Einen YouTube-Kanal? Einen Podcast, der ausschließlich die Fragen deiner Leserinnen und Leser beantwortet? Die Entrepreneurin Marie Forleo wurde auf dieselbe Art und Weise groß. In all ihren Videos beantwortet sie Fragen ihrer Leserinnen. Sie wurde so groß und bekannt damit, dass sie unter anderem mit Tony Robbins auf der Bühne stand, bei Oprah zu Gast war und als Thought Leader gilt.

Gib, gib noch mehr und dann gib noch etwas oben drauf. Gary Vee's Unternehmen erwirtschaftet mittlerweile über 50 Millionen Dollar pro Jahr. Marie Forleo hat pro Jahr einige Tausend neue B-Schooler-Entrepreneure, die ihr Online-Programm um aktuell etwa 2.000 Dollar kaufen. Scotts Newsletter erwirtschaftet aktuell einen Umsatz von über 320.000 Dollar – pro Monat. Sie alle haben zuerst immens viel gegeben, bevor sie daraus ein entsprechendes Geschäftsmodell entwickelt haben.

8. Blogge regelmäßig – deine Webpage ist deine Schaltzentrale

Ein Blog ist eine wunderbare Möglichkeit, deine Reichweite auf- und auszubauen. Zudem ermöglicht dir das regelmäßige Bloggen über Google und Co, immer besser gefunden zu werden, weil es deine organische Sichtbarkeit verbessert. Dabei geht es nicht nur darum, zu schreiben, sondern vor allem, deine Leser anzusprechen und zu inspirieren. Schreiben ist etwas, das immer besser wird, je öfter man es tut. Seth Godin, einer der weltbesten Marketer, schreibt jeden Tag und er sagt selbst über sich, oftmals tut er dies nur für die Mülltonne. Doch genau das tägliche Schreiben hilft ihm dabei, zunehmend besser zu werden. Ebenso wie der Drehbuch- und Romanbuchautor Steven Pressfield. Schreiben ist eine wunderbare Art, die eigenen Gedanken zu ordnen, zu strukturieren und besser darin zu werden, das, was man sagen möchte, auf den Punkt zu bringen.

Auch wenn du heute denkst, du bist weder Autor noch Blogger, fange einfach an damit und lass dir diese Chance des Gesehenwerdens nicht entgehen. Zudem kannst du die Texte deines Blogs auf verschiedenen Medien verwenden und somit mit einem einzigen Blogbeitrag viele Kanäle gleichzeitig bespielen.

Wenn du heute danach suchst, was erfolgreiche Blogartikel ausmacht, so findest du eine Vielzahl von Ratschlägen:

- Schreibe mindestens 350 bis 800 Worte,

- besser noch 2.000 Worte, denn besonders lange und gute Artikel, werden entsprechend öfter geteilt.
- Erstelle How-to (Wie du ...) und Listen-Beiträge (fünf Schritte ...), denn diese werden besonders gut über Suchmaschinen gefunden, weil Menschen genau danach suchen.
- Halte dich exakt an diese oder jene Struktur, sonst brauchst du erst gar nicht anfangen zu schreiben.

Doch das Wichtigste ist, dass du überhaupt schreibst. Bloggen ist manchmal wie in die Schlacht zu ziehen: du gegen ein leeres Blatt. Doch am besten überwindest du eine Schreibblockade, indem du schreibst. Und sei es, dass du darüber schreibst, warum du gerade nicht schreiben kannst. Der Rest kommt dann von allein.

Was also macht nun einen guten Blogartikel aus beziehungsweise einen, der viral geht?

Zuerst: die *E-I-E*-Formel. Sie steht für *Education – Inspiration – Entertainment.*

- *Education:* Das fällt dir vermutlich am leichtesten. Denn es ist das, was du am besten kannst. Deine Expertise. Dein Fachgebiet. Es geht um Wissensvermittlung, Lehren und Information. Dazu gehören Tipps und Tricks, Formeln, Techniken, Schritte, Übungen und so weiter. Also all das, womit du deinen Lesern, Kunden und Fans Stück für Stück beibringst, was du weißt.

- *Inspiration:* Da wird es für manche schon ein wenig schwieriger. Denn andere zu inspirieren fällt nicht jedem so leicht. Auch hier gilt: Übung macht den Meister. Doch Inspiration ist ebenso wichtig wie Wissen, denn langweilige Fachbücher gibt es bereits zur Genüge. Denn nur wenn ich verstehe, wo mich das neue Wissen hinbringen kann, wenn ich deine Tipps und Empfehlungen umsetze, kann ich mein neues Wissen richtig einsetzen. Hier erzeugst du Bilder in den Köpfen deiner Zielgruppe. Es geht nicht um Zahlen, Daten, Fakten, sondern um Emotionen. Je besser du es schaffst, diese Bilder entstehen zu lassen, desto mehr können sich deine Leserinnen und Leser mit deinem Text verbinden. Zeige deiner Community also auch immer, wie das Nachher aussehen kann und motiviere sie dadurch, in die Umsetzung zu kommen. Wissen allein ist nutzlos, wenn man es nicht umsetzt. Wenn dir das gelingt, baust du dir treue Fans auf, denn sie wissen bereits, wie wertvoll deine Tipps sind, denn sie haben sie nicht nur konsumiert, sondern implementiert!
- *Entertainment:* Entertaining ist alles, was wir gerne konsumieren. Alles, was uns unterhält, zum Lachen bringt, leicht aufzunehmen ist. Das sind Geschichten, Anekdoten, Erzählungen, Dinge, die uns Spaß machen. Dein Blogartikel darf mich also auch zum Lachen bringen, unterhaltsam sein oder mich zum Nachdenken anregen. Sei ein Entertainer für deine Communi-

ty. Selbst wenn dir das klassische Witzeerzählen nicht liegt, kannst du unterhaltend sein, indem du dir bewusst überlegst, wie du unterhaltend sein kannst. Deine Leser müssen sich nicht biegen vor Lachen, doch wir holen uns immer wieder gerne mehr von dem, was uns Spaß und Freude macht. Wenn deine Blogartikel das tun, dann ist das eine wunderbare Ergänzung.

Die Königsklasse besteht freilich darin, alle drei Elemente der E-I-E-Formel in deine Texte zu integrieren. Aber du kannst sie natürlich ebenso für Videos, Vorträge und Workshops verwenden.

1. *Kenne deine Zielgruppe:* Um Blogartikel zu schreiben, die gelesen werden, ist es wichtig, deine Zielgruppe zu kennen. Wer wird deine Artikel lesen, was ist der Nutzen deiner Adressaten daraus, warum sollten sie Interesse daran haben? Hier kommt der »Kundenavatar« zum Tragen, der definiert, an wen exakt du dich richtest, wen du ansprichst. Wenn deine Zielgruppe beispielsweise Mitte 30 ist, selbstständig und auf der Suche nach ausgeklügelten Business-Strategien, um an Venture Capital zu kommen, dann brauchst du nicht darüber zu schreiben, was man bei der Unternehmensgründung beachten sollte. Vielmehr möchtest du ihnen vielleicht Anregungen, Tipps und Strategien mitgeben, wie sie an die entsprechenden Kontakte kommen, in den richtigen Bereichen netzwerken und Publicity erhalten, die potenzielle Geldgeber auf sie aufmerk-

sam macht. Damit vermeidest du auch, allzu generell zu schreiben und grenzt dich gleichzeitig jedoch von anderen Bloggern ab.

2. *Deine Überschrift*: Nachdem du für dich diese drei Elemente geklärt hast, geht es ans Schreiben. Starte zunächst mit deiner Überschrift. Nicht, dass diese bereits »perfekt« sein muss, doch sie gibt das Kernthema vor und leitet dich so durch den Text, denn deine Überschrift, dein Titel ist das Versprechen an den Leser, was er von deinem Text erhalten wird, wenn er ihn bis zum Ende liest. An dieser Stelle ist deine Überschrift noch mehr als Arbeitstitel zu verstehen.
3. Klassisch ist ein Blogartikel *wie jede andere Geschichte* auch aufgebaut – mit Einleitung, Haupt- und Schlussteil. Da wir diese jedoch online lesen, darfst du mit Absätzen, Aufzählungen, Gliederungen und Zwischenüberschriften großzügiger sein, weil dies das Lesen erleichtert. Denn gerade am Tablet oder gar Smartphone werden zu lange Absätze leicht unübersichtlich. Und die Tendenz der mobilen Nutzer steigt stetig an.
4. *Organisiere deine Inhalte:* Manchmal steckt in einem einzigen Artikel so viel Information, dass es beinahe überwältigend werden kann. Je besser du deine Inhalte strukturierst, desto leichter wird es für dich, den Überblick zu bewahren und für die Leserinnen und Leser, das Bestmögliche aus deinem Text für sich herauszuholen. Dazu hilft es oft, schon von Beginn an die Hauptthemen deines Artikels zu definieren, beispielsweise

in Unterüberschriften, sie in die richtige Reihenfolge zu bringen und dann entsprechend abzuarbeiten.

5. *Schreibe drauf los:* Das Wichtigste ist natürlich das Schreiben selbst. Wenn du die Vorarbeit geleistet hast, wird dieser Part umso leichter, vor allem, wenn du noch kein routinierter Blogger bist. Ich liebe es, mir jeweils einen Timer von 20 bis maximal 25 Minuten zu setzen. Erstens, weil ich damit einen fixen Endpunkt habe und nicht zu lange herumtrödeln kann, und zweitens, weil unser Gehirn auf Zeitdruck einfach sehr effektiv reagiert.
6. *Optimiere deinen Text für SEO:* Suchmaschinenoptimierung (SEO) ist etwas, dass du nie komplett aus den Augen verlieren solltest. Wenn dein Artikel fertig ist, mach doch einen kurzen SEO-Check, passe deine Keywords an, vergib Meta-Beschreibungen, passe die Google-Vorschau an und vergib Alt-Attribute für die Bilder, die du verwendet hast. Dazu kannst du für WordPress einfache Plug-Ins wie beispielsweise das Yoast-Seo-Plugin verwenden.
7. *Korrekturen und Feinschliff:* Zu guter Letzt bekommt dein Blogartikel noch den Feinschliff. Lasse sie von jemandem gegenlesen oder lektorieren. Je nach Zielgruppe können schon kleine Grammatik- oder Rechtschreibfehler stark bewertet werden – oder ignoriert. Gerade Texte auf meiner Webpage gehen in der Regel nie ohne Lektorat online.

8. *Denk immer an den CTA:* CTA – Call to Action – ist die Handlungsaufforderung am Ende deines Blogartikels. Sie beschreibt, was der Leser nun tun soll. Das kann die Bitte sein, einen Kommentar zu hinterlassen, deinen Beitrag zu teilen, sich für den kommenden Workshop anzumelden, ein konkretes Produkt zu kaufen oder aber auch einen anderen, passenden Artikel zum Thema von dir zu lesen.

Du kannst in deinen Blogartikel über alles schreiben, doch achte darauf, dass es einen klaren Nutzen für deine Leserschaft hat und zu deinem Angebot passt. Bei einem Business-Blog sollte sich immer alles um dein Kernangebot drehen. Das heißt nicht, dass du in jedem Blogartikel über dein Produkt schreibst, aber es soll der Zusammenhang klar sein.

9. Teile, teile, teile – werde aktiv

Sharing is Caring, heißt es so schön. Auch wenn damit gemeint ist, dass die Leser die Inhalte teilen sollen, um so auf ihre Art »Danke« zu sagen, gilt dies auch in die andere Richtung.

Deine Inhalte, deine Videos, Podcasts, Blogs und Beiträge sind nicht viel wert, wenn sie niemand sieht, hört oder liest. Denn du steckst unglaublich viel Zeit und Mühe in die Erstellung der Inhalte, suchst nach passenden Bildern, feilst an den Überschriften und legst viel Wert auf die Qualität. Und dann? Was tust du, nachdem du »veröffentlichen« geklickt hast? Hoffen, dass Google die frohe Botschaft verbreitet? Dass die Suchmaschinen dich finden und ganz oben listen, dass tausende Menschen nun sofort deine Webpage stürmen? Hoffentlich nicht!

Denn Inhalte zu erstellen, ist grundsätzlich der einfachste Part. Die eigentliche Arbeit kommt danach. Sonst ist es, als würde die Kuh einfach nur auf der Weide stehen, aber niemand kümmert sich darum, dass die Milch ins Kühlregal kommt.

Deine Inhalte sind dafür da, gesehen zu werden. Plane also nicht nur, neue Inhalte zu erstellen, sondern sie auch entsprechend zu publizieren. Doch genau darin liegt oftmals der schwierigste Teil. Wird der Inhalt ankommen? Will ihn jemand lesen? Interessiert das? Das und ähnliche Fragen sind dabei normal. Und jeder Autor hat sie. Begründet durch Resistance. Widerstand. Steven Pressfield hat darüber ein gesamtes Buch geschrieben: The Art of War. Dabei hast du bereits alles in dir, um ein begnadeter Designer, Autor oder Ingenieur zu sein. Doch diese inneren Widerstände bringen dich zum Zögern. Dabei ist es nichts anders als unser Reptilienhirn, das uns einen Streich spielt. Diese kleine Stimme im Hinterkopf, die sagt: »Was, wenn …« oder »Aber …«. Doch an dem Tag, an dem du beschlossen hast, deinen Weg zu gehen, hast du dich auch dazu verpflichtet, über deine Grenzen zu gehen.

Auch wenn es dem einen leichter und dem anderen schwerer fällt, sich zu zeigen bedeutet, deine Arbeit zu zeigen. Versuche also nicht, das bestgehütetste Geheimnis zu zeigen, sondern arbeite täglich an deinem Selbstvertrauen, deine Inhalte auch öffentlich zu machen.

Sehr bewährt hat sich dazu ein einfacher Workflow. Also das Festlegen bestimmter Arbeitsabläufe und Schritte. Was passiert, nachdem du einen Blogartikel veröffentlicht hast? Was, nachdem du ein Bild für Instagram erstellt oder ein Video auf YouTube hochgeladen hast? Was sind die nächsten Schritte, nachdem du eine Pressemitteilung verschickt hast? Und was, nachdem sie publiziert wurde?

Je mehr dieser konkreten Abläufe du für dich definierst und erstellst, umso schneller steigert sich deine Reichweite. Denn klar ist, die Menschen können nur dann von deinem Wissen, Angebot und Produkt profitieren, wenn sie davon erfahren. Denn es ist deine Aufgabe, deine Kunden zu finden. Niemals ihre, dich zu entdecken!

Teile deine eigenen, neuen Artikel auf Facebook. Versende jeden neuen Artikel an deine Newsletterliste. Verlinke deinen Artikel auf XING, LinkedIn und Twitter. Adaptiere deinen Artikel leicht und veröffentliche in auf Medium oder HuffingtonPost. Poste deinen Artikel in Facebook-Gruppen. Tu all das aber bitte nicht zur exakt gleichen Zeit. Lass dir Zeit. So profitierst du von der Aufmerksamkeit über einige Tage hinweg, wenn du diese Dinge zeitversetzt tust. Zudem ist deine gesamte Zielgruppe nicht zur selben Zeit online. Wenn du deine eigenen Inhalte zeitversetzt teilst, erhöht das die Wahrscheinlichkeit, von wesentlich mehr Menschen gesehen zu werden.

Erstelle dir am besten für alle Publikationen einen

entsprechenden Workflow-Plan. Damit schaffst du Routinen, die dir enorm viel Zeit sparen können und wenn du diese Aufgaben delegierst, kann nichts davon vergessen werden.

Und denke daran, Dinge, die schon einmal gut funktioniert haben, sprich, angekommen sind, tun es wieder. Poste also deine besten Inhalte immer wieder. Denn jemand, der dich erst heute neu entdeckt, hat keine Ahnung, was für großartige Dinge du schon vor sechs Monaten veröffentlicht hast. Nutze daher die Schnelllebigkeit von Social Media und Presse, um auch »Altes« immer wieder frisch zu veröffentlichen.

10. Setze auf Videos – Video ist das neue Schwarz

Videos sind schon längst in die Online-Welt eingezogen. Wie populär sie sind, hat uns YouTube gezeigt, mittlerweile die zweitgrößte Suchmaschine. Videos haben nicht nur den Vorteil, dass sie Bild und Ton verbinden, sondern, dass sie Dinge auf wesentlich einfachere Art und Weise erklären können. Dabei gibt es eine Vielzahl unterschiedlicher Videos. Unter anderem Imagevideos, Erklärvideos/Anleitungen, Testimonial Videos, Projektvideos, Webinar-Videos, V-Logs – also Video-Blogs und Q&A-Videos.

Die Art, wie man Videos erstellen kann, ist dabei ebenso vielfältig, wie die Inhalte sein können. Und der Aufwand für die Erstellung von minimal bis ausufernd. Fakt ist jedoch, Videos können deine Reichweite im wahrsten Sinne des Wortes explodieren lassen. Nicht selten werden auch ganz einfache Videos plötzlich viral, verbreitet sich also nahezu explosionsartig, und erzielen – wie beispielsweise das Salzburger Sushi-Restaurant, das mit einem gerade mal 30 Sekunden kurzen Video aktuell über 33 Millionen Aufrufe erzielt hat.

Ob ein Video dabei viral geht oder nicht, ist nicht planbar. Aber je mehr du machst, desto eher erzielst du einen Volltreffer. Dabei brauchst du weder auf eine teure Agentur noch die ausgeklügelte Idee setzen. Oftmals sind die spontanen Ideen die, die plötzlich ihre Eigendynamik entwickeln. Wenn du dann von Influencern oder großen Portalen geteilt wirst, ist der Rest Geschichte, wie es so schön heißt.

Videos jedoch sollten unbedingt zu deinem Marketing-Mix gehören, wenn du deutlich sichtbarer werden willst. Nicht nur, weil YouTube und Google sich wirklich gut verstehen und Videos bevorzugt im Ranking höherstellen, sondern auch weil Social-Media-Kanäle wie Facebook und Instagram extrem stark auf Videos setzen und diese bevorzugt anzeigen. Denn egal wie viele Fans oder Follower du hast – deine Inhalte werden immer nur einem verschwindend kleinen Teil davon angezeigt. Videos dafür entsprechend öfter. Genaue Zahlen gibt es nicht, aber man munkelt von deutlich unter zehn Prozent deiner Fans sehen, was du veröffentlichst. Nur wenn du genügend Likes, Shares oder Kommentare erhältst und der jeweilige Algorithmus anspringt, steigt deine Auslieferungsrate entsprechend an und mehr und mehr deiner Fans und Follower sehen, was du gepostet hast.

Je mehr Videos du also produzierst, umso höher wird deine Gesamtreichweite. Setze dabei auf die Vielfalt, du musst nicht nur einen Video-Typ produzieren. Casey Neistat gilt als einer der einflussreichsten YouTuber der ersten Stunde mit über sieben Millionen Abonnenten. Jedes seiner Videos hat mindestens eine Million Aufrufe. Er ist heute nicht mehr nur YouTube-Star, sondern Filmemacher, Keynote Speaker und Entrepreneur durch und durch.

Du sollst dabei nicht anstreben, der nächste Casey zu werden, sondern dir ein Beispiel an ihm zu nehmen. Denn es reicht heute, eine einfache Handycam und die Bereitschaft dazu, Videos zu drehen. Ob vorproduziert und geschnitten oder pur und live auf Facebook, Instagram oder via Webinar.

Erstelle eine Liste mit mindestens zehn Video-Ideen und welche Art von Videos du gerne machen möchtest. Image-Videos sind dabei sicher die aufwendigste Variante, vor allem zu Beginn. Facebook-Live-Videos die einfachste und unkomplizierteste, da du noch nicht mal einen eigenen YouTube-Channel dafür benötigst. Dein Smartphone reicht völlig aus. Überlege dir klar, was das Ziel deines Videos ist, wen du damit erreichen willst und zu Beginn ist sicherlich ein kleines Skript sehr hilfreich, vor allem, wenn du es nicht gewohnt bist, vor Publikum zu sprechen. Lass bitte Einleitungssätze wie »Ähh ... ja ... hallooho ... ich weiß gar nicht, wie das jetzt geht hier ... das ist nämlich mein erstes Live-Video ... sieht mich jemand?«, sondern tritt selbstsicher und selbstbewusst auf.

Wenn du dich für Live-Videos entscheidest, achte

vor allem darauf, dass du dein Video nicht einfach nur so machst, sondern dass du es aktiv als Marketinginstrument nutzt. Stell dich vor, erzähle, worum es in diesem Video gehen wird, hab am Ende einen klaren Call-to-Action für das, was du im Augenblick am meisten forcieren möchtest. Nutze die Möglichkeit, deinen Fans – egal wo diese auf der Welt sind – so nah wie sonst nur live sein zu können. Denn wenn ein Schwarm von Herzen, Likes oder Smileys über den Bildschirm rauscht, kann dich das zu Höchstleistungen pushen.

Doch wie bei allem gilt auch hier: Einmal ist kein Mal. Nimm dir vor, Videos für mindestens sechs Monate zu machen. Regelmäßig. Wöchentlich, mehrmals pro Woche oder sogar täglich. Schenke deiner Reichweite am Anfang nicht zu viel Aufmerksamkeit, sondern stecke deine Energie in die Qualität deiner Videos – vor allem in das, was du sagst oder zeigst. Wie bei allem im Leben: Auch hier zahlt sich Kontinuität extrem aus.

Wenn ein Video von dir besonders guten Zuspruch erhielt oder du es bewusst pushen möchtest, dann investiere auch Geld und promote es auf Facebook oder YouTube, um deine Reichweite noch weiter zu steigern.

11. Round-Up-Posts – sammle Eindrücke zu einem Thema

Wenn du eine Abkürzung suchst, wie Blogbeiträge viral gehen können, dann kann ein Round-up-Post genau das sein, was du suchst. Denn Round-up-Posts sind eine schöne Gelegenheit, viel Aufmerksamkeit auf dich und deine Webpage zu ziehen. Sie brauchen zwar ein wenig mehr Zeit, können dafür aber Evergreens werden. Dabei stellst du in einem Round-up-Post eine spezielle Frage an für dich und deine Community interessante Menschen. Das können Experten aus deinem Bereich, Influencer, Opinion-Leader oder generell Menschen sein, die eine spannende Antwort auf diese Frage haben. Daraus machst du anschließend einen Blogartikel und integrierst alle gesammelten Antworten.

Die Gründe, warum auch du einen Round-up-Post erstellen solltest, sind relativ einfach:

- *Traffic:* Ein richtig gut gemachter Round-up-Post kann dir massenweise neue Besucher, also Traffic, auf deiner Webpage generieren. Einfach weil die Experten, die du zu deinem Round-up-Post einlädst in der Regel selbst eine große Community haben, an der du partizipieren kannst. Zudem bietet solch ein Blogbeitrag eine exquisite Sammlung von Experten und ihren Meinungen und Aussagen, dass allein das schon ziemlich attraktiv ist.
- *Status:* Wenn Menschen sehen, mit welch anderen Experten du dich umgibst, steigert das automatisch deinen eigenen Wert und dein Ansehen. Darum ist es essentiell, dass du nicht irgendwen in deinem Round-up-Post hast, sondern Menschen, die bereits einen sehr hohen Status erlangt haben. Denn exakt das erhöht deinen eigenen.

- *Netzwerken:* Ein Round-up-Post hilft aber auch dir, dich mit anderen Influencern zu vernetzen, sie besser kennenzulernen und eventuell neue Türen zu öffnen. Denn ein solcher Post verstärkt zwar dich und die Reichweite deines Blogs, unterstützt jedoch genauso die Teilnehmer, deren eigenen Einfluss weiter zu erhöhen.

Damit dein Round-up-Post ein Erfolg wird und sich möglichst viral verbreitet, kommt es auf die richtigen Fragen an. Das ist somit der wichtigste Part, denn er entscheidet über alles Weitere. Versuche, eine Frage zu wählen, für deren Antwort deine Community schier sterben würde – im übertragenen Sinne freilich. Was interessiert sie am meisten? Welche Frage brennt ihnen auf der Seele? Wenn du keine Antwort darauf hast, starte eine Umfrage in deinen Social-Media-Kanälen oder über deinen Newsletter.

Freilich sollte es eine Frage sein, die deine Experten auch beantworten wollen, vor allem öffentlich. Wenn es jedoch eine Frage ist, die sie ohnehin schon gefühlte hundertmal beantwortet haben, wird die Rücklaufquote eher gering ausfallen. Die Kunst besteht also darin, beide Seiten entsprechend abzuholen. Verbringe also ruhig ausreichend Zeit damit, genau diese Fragen zu finden. Das zeichnet richtig guten Journalismus aus. Und ein Round-up-Post ist nichts anderes.

Wenn du die richtige Frage gefunden hast, deren Beantwortung für den Experten nicht mehr als ein paar Minuten in Anspruch nimmt, geht es darum, nun die »richtigen« Expertinnen und Experten dafür zu finden. Denn der Großteil deines Beitrags stammt nicht von dir, sondern von den Experten. Daher solltest du darauf achten, dass du erhältst, was du dir erwartest. Neben der Anzahl der Experten lege Wert darauf, dass du Menschen dabei hast, von denen du weißt, dass sie selbst ebenfalls aktiv auf Social Media sind, denn sie werden deinen Beitrag eher bereitwillig mit ihrem Netzwerk teilen. Doch nicht jeder der Teilnehmer wird das tun. Deshalb brauchst du eine gute Promotion-Strategie. Plane deinen Round-up-Post, denn viele der Befragten haben eventuell nicht gleich innerhalb von wenigen Tagen Zeit, dir zu antworten. Definiere vorab, wie umfangreich die Antwort ausfallen soll, damit du anschließend eine homogene Sammlung erhältst und lege eine Deadline fest, bis wann du die Antworten zurückbrauchst.

Auch wenn einige deiner Experten deinen Beitrag mit ihrem Netzwerk teilen werden, die Hauptverantwortung für die Verbreitung dieses Beitrags liegt an dir. Lege dir also eine entsprechende Strategie zurecht, wie und wo du den Beitrag besonders hervorheben kannst. Wenn du zudem selbst die Verantwortung dafür übernimmst und dich nicht auf die Reichweite der Experten verlässt, zeigt das außerdem, wie wichtig dir das Thema ist und eventuelle zukünftige gemeinsame Projekte können noch erfolgversprechender werden.

Neben dieser Art von Round-up-Post kannst du eine eigene Sammlung erstellen, indem du Beiträge, Zitate, Statements, Rezepte oder Ähnliches selbst recherchierst und diese in einem Round-up-Post zusammenfügst. Dabei wählst du beispielsweise die populärsten veganen Burger-Rezepte der beliebtesten und erfolgreichsten Blogger und Köche und listest sie in einem eigenen Blogartikel auf. Freilich musst und solltest du unbedingt die jeweilige Quelle angeben! Um möglichst rasch an richtig gute Inhalte zu kommen, kannst du wieder eine Umfrage starten – entweder auf Social Media, in expliziten Gruppen oder freilich ebenso über deinen Newsletter.

Wenn du die besten Experten – auch strategisch gesehen – ausgewählt hast, erstellst du deinen Blogartikel und verlinkst entsprechend auf die jeweiligen Urheber. Informiere diese anschließend darüber, dass du sie in deinem Beitrag erwähnt hast und du dich über entsprechendes Feedback freust. Gerne kannst du natürlich direkt erwähnen, dass ein Teilen des Beitrags selbstverständlich erwünscht ist.

12. Dein LeadMagent – hab ein grenzgenial gutes Opt-in!

Das Ziel eines LeadMagneten ist es, deine Leserinnen und Leser zu inspirieren, dich für deine Newsletter-Liste anzumelden. Denn dort kannst du aus Interessenten wesentlich leichter Kunden machen, wenn du sie durch einen Verkaufsprozess führst. Einen LeadMagnet anzubieten, ist also eine ziemlich smarte Marketingmaßnahme, die dir dabei hilft, deine Community weiter auf- und gleichzeitig effektiv dein Business auszubauen.

Warum du zuerst nach der E-Mail und nicht gleich

nach der Kreditkarte, also dem Ja zum Kauf fragen solltest? Na ja, weil es Fremden gegenüber in der Regel nicht so gut ankommt, wenn du gleich mit der Tür ins Haus fällst. Statistisch gesehen kaufen nur etwa zwei Prozent aller Besucher, aller Branchen, beim ersten Besuch einer Webpage auch sofort ein Produkt. Der Rest »wollte nur mal schauen«, sich umsehen, inspirieren lassen. Und vielleicht, ganz vielleicht speichert er deine Webadresse, um später, wenn er in Kauflaune ist wieder bei dir vorbeizuschauen. Wahrscheinlicher aber ist, dass er einfach auf das X rechts oben klickt und weg ist. Ein für alle Mal.

Dahingegen kaufen bis zu 30 Prozent aller neuen Newsletter-Leser innerhalb der ersten sechs Monate – wenn du mit ihnen in Kontakt bleibst. Du siehst also, ein LeadMagnet ist vielmehr eine strategische Angelegenheit und als nur eine One-Shot-Aktion. Somit gilt es, den ROI (Return on Investment) deiner Investition wesentlich länger zu betrachten.

Ein LeadMagnet ist nichts anderes als ein Austausch für die E-Mail-Adresse deines Lesers. Es ist der Grund, warum sich Menschen am häufigsten für deinen Newsletter anmelden. Dies kann sowohl ein Gutschein, aber auch ein Quiz sein, eine Checkliste oder eine Anleitung, ein E-Book oder eine Video-Serie. Ein LeadMagnet, auch Freebie oder Opt-in-Offer genannt, ist oftmals dein Türöffner. Achte darauf, dass er tatsächlich anziehend und attraktiv ist, für deine Zielgruppe relevant und perfekt zu deinem Kernangebot passt.

Die Wahl deines Leadmagneten ist entscheidend dafür, wie rasch deine Newsletter-Liste wachsen kann.

Denn als Leser brauche ich schon einen knackigen Anreiz, mich in deinen Newsletter einzutragen, denn an Informationen mangelt es mir nicht. Menschen sind froh, wenn sie nicht noch mehr Informationen erhalten, die sie nicht brauchen. Der Mail-Posteingang ist auch so schon übervoll. Du jedoch möchtest, dass deine Newsletter-Liste wächst. Und dabei kann ein Anreiz sehr wirkungsvoll sein. Vor allem, solange du noch nicht die Nummer 1 in deiner Branche bist und ohnedies neue Leser und Kundinnen wie warme Semmeln anziehst.

Bevor du dich ans Ausarbeiten deiner ersten Ideen setzt, überlege dir zuerst, welche Art von LeadMagnet du entwickeln möchtest.

- *Wie viel Zeit* will dein Idealkunde mit deinem LeadMagnet verbringen? Hat er nur wenig Zeit, will er die Informationen übersichtlich, dafür knackig auf den Punkt oder ist es eher jemand, der gern in die Materie eintaucht und umfangreiches Know-how möchte?
- *Auf welche Art und Weise* lernt dein Idealkunde am liebsten und besten? Sind deine potenziellen Kunden eher Leser, Hörerinnen oder Seher? Je nachdem kannst du klar entscheiden, ob es ein Text, ein Audio oder ein Video wird. Vielleicht ja auch eine Mischung.
- Wie groß ist das Problem deines Idealkunden, das du mit deinem Leadmagnet löst? Wenn er ein eher kleines, unwichtiges Problem hat, braucht dein LeadMagnet auch nicht überproportional umfangreich sein. Herrscht jedoch Feuer am

Dach, will dein potenzieller Kunde sofort und gleich eine konkrete Lösung.

- Wie emotional ist das Thema deines Kunden, ist es wichtig, dass es eine emotionale Reaktion auslöst? Je emotionaler das Thema, desto stärker die mögliche Verbindung.
- Was liegt dir am meisten: schreiben, sprechen oder Videos drehen? Auch das darf in die Wahl deines LeadMagneten mit einfließen. Es soll ja auch dir Spaß machen, ihn zu erstellen.

Das Wichtigste beim LeadMagnet ist jedoch der Inhalt selbst. Oft werde ich gefragt, was denn nun genau hineinkommt, was bleibt kostenlos, ab wann wird es kostenpflichtig. Die einfache Antwort darauf ist: Dein LeadMagnet zeigt das *Was*, dein Angebot das *Wie*.

Nun ist diese Antwort natürlich noch ein wenig generell, denn es geht ja auch darum, Wissen zu vermitteln und dein Können unter Beweis zu stellen. Und dennoch kann ich dir sagen, dass du für deine Sichtbarkeit beispielsweise Pressemitteilungen sehr gut und hilfreich sein können. Ich kann dir sagen, worauf du beim Schreiben achten solltest, wann du sie am besten versendest, dass du einen Presseverteiler brauchst, in welcher Auflösung du Bilder mitschicken solltest, warum eine gute Story der halbe Weg zur Veröffentlichung ist. Damit weißt du zwar jetzt, was du brauchst, aber nicht, wie exakt es geht. Und genau für das *Wie* sind Menschen bereit, Geld auszugeben. Und darin liegt der größte Unterschied zwischen einem LeadMagnet und deinem kostenpflichtigen Angebot.

Wenn du Fotograf bist, könnte dein LeadMagnet eine Checkliste beinhalten, wie man sich am besten auf ein Fotoshooting vorbereitet – was sollte man am Vortag tun oder lassen, was essen oder trinken, wie viele Outfits soll man mitbringen, was ist sonst noch zu beachten, um das Beste aus einem Fotoshooting herauszuholen? Als Immobilienmakler könnte es eine Finanzierungsübersicht sein oder welche Fragen vorweg geklärt werden sollten, bevor man den Makler kontaktiert, um den Prozess nachher für beide Seiten angenehmer und erfolgreicher zu gestalten.

Je nachdem, für welche Art du dich entschieden hast, geht es dann an die Umsetzung. Ob es ein PDF, Video oder Audio wird, ist dabei gleich. Dein LeadMagnet sollte immer die Brücke von der ersten Frage des potenziellen Kunden hin zu deinem Angebot sein. Darum solltest du schon jetzt wissen, was der nächste Schritt nach dem LeadMagnet sein sollte. Soll dich der Kunde kontaktieren, dich anrufen, etwas buchen oder bestellen?

Ein LeadMagnet ist kein Kaugummiautomat, sondern viel mehr wie eine Waschstraße. Wenn man mal drinnen ist, geht es Stück für Stück voran. Leite deine neuen Newsletter-Leserinnen und -Leser durch diesen Prozess und zeige ihnen, wie sie zu der perfekten Lösung für sich kommen, in dem sie nach und nach mehr Informationen und Möglichkeiten für den nächsten Schritt bekommen.

Ist dein LeadMagnet erst entwickelt, geht es auch hier wieder um die Promotion. Wenn niemand weiß, was du erstellt hast, wird es auch niemand nutzen.

Nutze deine E-Mail-Signatur, deine Social-Media-Kanäle, auch deinen eigenen Newsletter, um die Werbetrommel zu rühren. Investiere in Facebook-Anzeigen, um deine Reichweite noch weiter auszubauen. Gerade für kostenlose Angebote, wie eben deinen LeadMagnet, sind diese hervorragend geeignet und sorgen so dafür, dass deine Newsletter-Liste ständig weiterwächst.

13. Plane Webinare – dein Online-Workshop

Kostenlose Webinare sind ein starkes Tool für jedes Business, gleich aus welcher Branche. Nicht nur, dass Webinare die Marketingwelt im Sturm erobern, sie erlauben dir, mit deiner Zielgruppe live und direkt zu interagieren. Rund um den Globus. Dabei sind Webinare nicht nur sehr bequem für dich, sondern auch für die Teilnehmer. Die Wissensvermittlung wird bequem nach Hause geliefert oder an den Strand.

Webinare unterstützen dich zudem enorm bei deiner Promotion. Egal welches Produkt du gerade pushen möchtest, es über Webinare zu tun, ist eine wunderbare Möglichkeit. Es ist im Grunde wie eine Live-Verkaufsveranstaltung mit dem Vorteil, dass die Teilnehmer nicht bei dir vor Ort sein müssen.

Zudem helfen dir kostenlose Webinare enorm dabei, deine Sichtbarkeit auszubauen. Denn je regelmäßiger du Webinare machst, desto mehr und mehr Teilnehmer wirst du bekommen. Webinare mit 1000 bis 2000 Teilnehmern sind selbst im deutschsprachigen Raum keine

Seltenheit mehr. Wenn sie gut aufgebaut und strukturiert sind, können sie so zu einem wahren Umsatzboost für dich werden.

Die Vorteile von solchen Webinaren liegen für mich klar auf der Hand: Du kannst deine eigene Präsentation immer wieder testen, üben und verbessern, denn du erhältst unmittelbar Feedback. Diese Webinare sind extrem kostengünstig durchzuführen – wenn du sie über Facebook-Live abhältst –, sogar völlig ohne Zusatzkosten für Software wie beispielsweise WebinarJam, Zoom, GoToWebinar oder ähnlichen Anbietern. Du bist zeitlich und örtlich vollkommen flexibel und kannst Teilnehmer aus der ganzen Welt einladen. Webinare sind perfekte Verkaufsveranstaltungen, sofern dein Ziel ist, Umsatz durch das Webinar zu erzielen. Mein allererstes Webinar 2014 hatte nur knapp 200 Teilnehmer, hat dafür aber einen Umsatz von über 24.000 Euro erwirtschaftet.

Mit Webinaren kannst du deine Glaubwürdigkeit weiter unterstreichen und so das Vertrauen der Menschen in dich steigern. Denn Texte können schön geschrieben sein, wenn ich dich aber live erlebe, dir Fragen stellen kann, sehe, wie du tatsächlich bist, steigert das den Vertrauensgrad enorm. Und damit einhergehend die Wahrscheinlichkeit, etwas von dir zu kaufen.

Du kannst in Webinaren viel Wissen vermitteln und genau das solltest du unbedingt tun. Denn ein Webinar, aus dem ich als Zuseher nichts Praktisches für mich mitnehmen kann, war Zeitverschwendung. Achte also immer darauf, dass der Grad der Wissensvermittlung sehr hoch ist bei deinen Webinaren.

Zudem helfen dir Webinare dabei, deine Newsletterliste weiter auszubauen, da sich Teilnehmer vorab für das Webinar registrieren. Somit kannst – und solltest – du sie nach dem Webinar weiter kontaktieren und ihnen noch mehr Informationen zu deiner Leistung oder deinem Produkt zukommen lassen.

Damit dein Webinar ein Erfolg wird, braucht es gar nicht viel.

- *Definiere das Ziel deines Webinars:* Was exakt willst du erreichen? Ansehen, eine bestimmte Umsatzzahl, Reichweite … Wie kannst du dein Ziel am Ende messen?
- *Setze einen Termin fest:* Promote dein Webinar über deine Social-Media-Kanäle, erstelle Veranstaltungen dazu auf Facebook und Xing, schreib den Termin auf deine Webpage (und natürlich auch folgende), investiere in Facebook-Anzeigen, um neue Menschen erreichen zu können. Ich empfehle eine Vorlaufzeit von circa zwei Wochen ab der Bekanntgabe bis zum Webinar.
- *Wähle einen für dich passenden Webinar-Anbieter aus:* Es gibt mittlerweile eine Vielzahl am Markt, regelmäßig kommen neue dazu. Die Gebühren schwanken dabei ziemlich, je nach Teilnehmeranzahl und Gastgeber. Mein aktueller Favorit ist WebinarJam. Aber es gibt auch deutsche Anbieter wie beispielsweise Edudip.
- *Bereite dein Webinar vor:* Ob du klassische Präsentationsfolien verwendest oder frei, ohne Folien sprichst, bleibt dir überlassen. Es gibt keine Zahlen, dass das eine oder andere bessere funkti-

oniert. Es hängt vielmehr von dem ab, was du im Webinar erzählen und zeigen wirst. Baue es strategisch gut auf und achte auf Einleitung, Hauptteil und Schluss. Und wenn du während des Webinars etwas verkaufen möchtest, plane separate Zeit für dein Verkaufsgespräch und Fragen ein.

- *Mindestens ein Test:* Mache mindestens einen Testdurchlauf, um mit Technik und Ton vertraut zu sein. Bei Webinaren mit vielen hunderten Teilnehmern ist es gut, einen Co-Moderator zu haben oder jemanden, der dir im Backend hilft, auf Kommentare oder Fragen einzugehen. So kannst du dich weiter konzentrieren und wirst nicht abgelenkt.

Da Webinare aufgezeichnet werden (können), kannst du sie im Anschluss sehr gut für dein Marketing verwenden. Einerseits, um die Aufzeichnung an jene zu versenden, die nicht live dabei waren (das werden etwa 40 bis 50 Prozent sein) und andererseits, um im Nachgang noch Werbung dafür zu machen, für all jene, die gar nicht mitbekommen haben, dass du überhaupt ein Webinar hattest.

Damit du weißt, ob sich deine Promotion und dein eventuelles Budget für Anzeigen gelohnt haben, werte jedes Webinar im Nachgang aus. Nur wenn du deine Zahlen gut kennst, weißt du, an welchen Schrauben du drehen kannst, um noch bessere Ergebnisse zu erzielen.

Webinare waren unter anderem ein wesentlicher Bestandteil von Sigrun Gudjonsdottir. Als Lifestyle-Business-Coach hatte sie begonnen, Webinare zu veranstalten und hat mittlerweile über hundert abgehalten. Nicht nur, dass sie hervorragend in der Präsentation ihrer Webinare wurde, hat sie sich auf diese Weise außerdem die Basis für ihr heutiges Online-Unternehmen geschaffen.

14. Die Blogparade – Netzwerk und Mehrwert

Ähnlich wie ein Round-up-Post kann eine Blogparade viel zu deiner Sichtbarkeit beitragen und dein Netzwerk erweitern. Dabei kannst du sowohl Initiator sein oder Teilnehmer. Als Initiator einer Blogparade geht es darum, ein möglichst spannendes Thema aufzugreifen und möglichst viele Menschen dazu zu bewegen, ebenfalls einen Blogartikel dazu zu veröffentlichen. Eines, das deine Zielgruppe sehr interessiert. Auch hier lohnt sich, wenn dir die passende Idee nicht kommt, eine Umfrage innerhalb deiner Community zu starten.

Die spannendsten Blogparaden greifen oftmals ein polarisierendes Thema auf, eines, zu dem es eben nicht nur eine Sichtweise gibt. Wenn du solch ein Thema findest, hast du sehr gute Chancen, dass deine Blogparade viral wird und sich sehr viele daran beteiligen. Allerdings gilt in diesem Zusammenhang, wie beim Round-Up Post, dass es schon etwas sein sollte, was andere ebenfalls gern öffentlich diskutieren und nicht nur hinter verschlossenen Türen.

Wenn du der Initiator der Blogparade bist, setze dir ein klares Ziel. Was genau möchtest du erreichen? Möglichst viele Teilnehmer zu haben, ein Thema möglichst breit zu diskutieren? Oder geht es um das Netzwerken an sich, um dich mit anderen Bloggern zu verbinden?

Eine Blogparade braucht ein wenig mehr Vorbereitung und Zeit. Plane daher locker zwei Monate ein. Denn sobald dein Thema steht und du den ersten Artikel und damit den Auftakt zur Blogparade veröffentlicht hast, gibt es noch eine Menge zu tun.

- *Finde ein Thema*, zu dem möglichst viele etwas zu sagen haben, das vor allem für deine Community sehr spannend ist und zu dem du dir unterschiedliche Standpunkte erhoffst. Es darf gerne kontrovers sein.
- *Definiere die Rahmenbedingungen* deiner Blogparade. Eine Blogparade hat stets einen fixen Anfang und ein definiertes Ende. Also ein Datum, bis wann die letzten Beiträge eingereicht werden können.
- Erstelle dir eine *Liste mit Namen* jener Blogger, die du unbedingt bei dieser Blogparade dabeihaben möchtest. Recherchiere nach Blogs in deiner Branche. Am besten, indem du über die Google-Suche »Keyword + Blog« eingibst. Je mehr potenzielle Teilnehmer du findest, desto besser.
- *Kontaktiere jeden einzelnen dieser Blogger*, am besten persönlich und nicht als Massenmail. Denn auch dir ist eine persönliche Einladung vermutlich lieber als ein standardisiertes Rundmail. Erkläre, worum es geht, was das Thema mit dir zu tun hat und weshalb du diesen Blogger gerne mit dabei hättest. Die eventuell große Reichwei-

te, und dass er oder sie gut als Multiplikator für dich wirken könnte, ist freilich kein gutes Argument, auch wenn du das für dich einplanst.

- *Kündige deine Blogparade entsprechend an* – über deinen Newsletter, aber ebenso über deine eigenen Social-Media-Kanäle. Vor allem dein Auftakt-Artikel soll möglichst viele Menschen erreichen.

Zu guter Letzt geht es darum, alle teilnehmenden Beiträge bei deinem eigenen zu verlinken. Da auch die Teilnehmer deinen Beitrag bei ihrem verlinken, erhältst du so innerhalb kurzer Zeit eine Menge neuer Backlinks und Zugriffe auf deine Webpage. Für Google ist das ein Zeichen, dass deine Seite wohl recht wichtig ist und das wird sich entsprechend besser in den Suchergebnissen niederschlagen.

Wenn du zudem alle einzelnen Beiträge ebenso auf Social Media teilst und verbreitest, bringt dir das – ohne, dass du neue Inhalte erstellen musst – zusätzliche Reichweite ein.

Viele richtig gute Blogparaden können zu echten Evergreens werden, das heißt, das Thema ist allzeit gut. Wenn dir das gelingt, bekommst du dadurch weiterhin organisch viele Zugriffe auf deinen Artikel.

Freilich kannst du genauso gut selbst Teilnehmer einer Blogparade sein. Gerade wenn du mit deinem Blog erst startest, ist eine Teilnahme empfehlenswert, weil du dich damit schnell mit anderen Bloggern vernetzen und dein Netzwerk aufbauen kannst. Zudem wird es anschließend noch einfacher, deine eigene Blogparade durchzuführen, weil du bereits die Abläufe kennst. Am einfachsten ist es, wenn du direkt auf Google nach »Blogparade« suchst oder auf Internetseiten wie beispielsweise Blogparaden.de gezielt danach Ausschau hältst, ob du direkt etwas findest, was zu dir, deinem Thema und vor allem deiner Zielgruppe passt. Denn auch hier gilt – du erstellst Content für deine Leserinnen und Leser, nicht für dich. Wenn dich privat etwas interessiert, starte lieber einen privaten Blog, um dort darüber zu schreiben.

15. Facebook-Ads: für jeden das Passende

Wenn du tatsächlich gesehen werden willst, direkt von deiner perfekten Zielgruppe sind Facebook-Ads eine geniale Möglichkeit, um per Knopfdruck mehr Sichtbarkeit zu erreichen. Zudem ist es aktuell die absolut günstigste Variante, wenn du dafür Marketingbudget einsetzen willst. Keine andere Form der Werbung ist dabei so effektiv und kostengünstig zugleich. Vor allem, wenn du in einem Markt bist, wo du gegen die großen Player am Markt antreten willst. Denn während diese noch immer auf Fernseh- und Printwerbung setzen, kannst du deine potenziellen Kunden direkt via Facebook erreichen.

Dabei sind die Möglichkeiten so unglaublich vielfältig, dass es fast wie der Garten Eden ist. Denn du kannst wie bei keinem anderen Medium Menschen dermaßen exakt und direkt ansprechen. Egal ob es sich um iPhone 7 Nutzer handelt oder die Mitarbeiter eines bestimmten Konzerns, Fans einer speziellen Fußballmannschaft oder Weinliebhaber. Und neben den klassischen Facebook-Anzeigen sind Facebook-Videos sogar noch profitabler. Während du klassische Werbeanzeigen in Printmagazinen oft erst um einige Tausend Euro erhältst, kannst du auf Facebook mit dem gleichen Budget wesentlich mehr bewirken. Zudem erhältst du sofort die Rückmeldung, wie effektiv deine Anzeigen tatsächlich sind und was sie dir bringen.

Dabei sind die Möglichkeiten der Werbeanzeigen so vielseitig wie die Ziele, die du damit verfolgen kannst. Du kannst dich und deine Marke bekannter machen, komplett neue Regionen erreichen, deine Fühler international ausstrecken oder sehr regional werben.

Das wichtigste bei Facebook-Anzeigen ist, das Netzwerk und die Nutzer wirklich zu verstehen. Und die Psychologie dahinter. Denn Facebook ist keine Litfaßsäule, auf der man einfach alles anbringen kann, was man möchte, und nur darauf wartet, dass mal jemand vorbeikommt.

Facebook bietet dir unzählige Auswertungen und Statistiken, ohne dass du auch nur ein weiteres kostenpflichtiges Tool dazu benötigst. Sei es die Demografie deiner Follower oder welche deiner Beiträge ihnen am besten gefallen. Wo und wie sie Facebook nutzen, ob sie mobile Geräte oder vom Desktop aus zugreifen, wie groß deine Reichweite ist und wie viel Prozent deiner Follower Frauen beziehungsweise Männer sind. Du siehst nicht nur, aus welchen Ländern sie kommen, sondern sogar aus welchen Städten und welche Sprache sie sprechen. Die Facebook-Statistiken sind also eine wahre Schatztruhe. Nimm dir Zeit, sie in Ruhe zu entdecken und lerne über deine Zielgruppe so viel wie möglich. Über klassische Anzeigen erhältst du diese Informationen niemals. Bei Facebook bekommst du sie kostenlos auf deiner Fanpage!

Wenn du die Daten analysiert hast und weißt, wen du aktuell erreichst, kannst du deine Schlüsse daraus ziehen, ob das auch die Menschen sind, die deine Produkte kaufen. Wenn es Abweichungen gibt, kannst du sehr zielgerichtet exakt jene Menschen ansprechen, die du möchtest. Wenn es schon passt, umso besser.

Facebook-Anzeigen aufzusetzen, ist keine große Hexerei. Facebook hat den Prozess in den letzten Jahren immer einfacher und übersichtlicher gestaltet und wird es in Zukunft noch weiter vereinfachen. Die große Kunst, um mit Facebook-Anzeigen wirklich erfolgreich zu sein, liegt darin, herauszufinden, wie du deine Zielgruppe am besten targetierst, worauf sie anspricht und welche Anzeigen für dich am besten zum gewünschten Ergebnis führen. Das bedeutet: testen und die richtigen Rückschlüsse ziehen oder dich von Anfang an von einem Profi diesbezüglich beraten zu lassen. Um Facebook-Anzeigen schalten zu können, benötigst du neben deinem privaten Facebook-Profil eine Fanpage, also eine Unternehmens-Seite. Damit du Ergebnisse richtig auswerten kannst, brauchst du das Facebook-Pixel. Genaue Anleitungen zur richtigen Installation findest du in den Support-Seiten von Facebook.

Die gängigsten Anzeigen sind folgende:

- *Fanpage-Promotion:* Damit erweiterst du die Anzahl der Fans deiner Fanpage und erhöhst so kontinuierlich die Reichweite für all jene Aktivitäten, die du direkt auf deiner Fanpage postest.
- *Produktanzeigen:* Wenn dein Ziel ist, deine Produkte direkt zu bewerben und einem größeren Publikum zu zeigen, kannst du dazu Bild oder Videoanzeigen schalten. Diese verlinken dann beispielsweise direkt auf deinen Shop.
- *Dark Posts:* Wenn du Blogbeiträge oder andere Beiträge direkt auf Facebook bewerben möchtest, damit mehr Menschen sehen, was du zu sagen hast, eignen sich Dark Posts am ehesten dafür. Denn sie verkaufen nichts, sondern liefern nur Informationen. Das sind Anzeigen, die aussehen, als hättest du einen »normalen« Beitrag gepostet. Mit dem Unterschied, dass dieser nicht auf deiner Fanpage erscheint, sondern wie andere Anzeigen gemäß deinen Einstellungen ausgeliefert werden und wie alle Anzeigen den Hinweis »gesponsert« hat.
- *Video Anzeigen:* Wenn du Videos, Live-Videos oder auch Produktvideos hast, kannst du diese aktuell sehr effektiv auf Facebook bewerben. Wenn du sie zudem mit Untertiteln versiehst, erhöht das die Rate derer, die dein Video ganz ansehen, extrem. Perfekt für Reichweite und Imageaufbau.
- *Listenaufbau:* Wenn du deine Newsletterliste weiter ausbauen willst, eignet sich jede Art von

Anzeigen, die zu deinem LeadMagnet oder deiner Webinaranmeldung führen.

- *Retargeting:* Diese Anzeigen sind für Menschen, die bereits auf deiner Webpage, deinem Shop oder deiner Landingpage waren. Aber eine bestimmte Handlung noch nicht durchgeführt haben. So kannst du beispielsweise Anzeigen für Menschen schalten, die gerade ein bestimmtes Produkt in deinem Shop gesehen haben, aber nicht gekauft haben. Wenn sie das nächste Mal auf Facebook sind, wird nur ihnen deine Anzeige gezeigt, die sie nun eventuell doch zur entsprechenden Handlung animiert.

Facebook erweitert laufend seine Funktionen. Selbst innerhalb der Facebook-Stories kann man mittlerweile Anzeigen schalten. Ich finde das einfach wunderbar und hoffe, du nutzt diese fabelhafte Möglichkeit, deinem Unternehmen den Platz einzuräumen, den es verdient hat – direkt bei deinem potenziellen Kunden!

16. Gastbeiträge – komplett neue Knotenpunkte

Du möchtest mehr Autorität, qualifizierten Traffic auf deiner Webpage, Links, die gut für dein Ranking auf Google sind, mehr Newsletter-Leser und Umsatz? Dann können dir Gastbeiträge genau das liefern – und noch ein bisschen mehr.

Regelmäßig zu bloggen ist zweifelsohne einer der

besten Wege, um deinen eigenen Blog kontinuierlich wachsen zu lassen und dir damit eine sehr gute und erfolgreiche Sichtbarkeit aufzubauen. Dabei ist es egal, ob du eine individuelle Person oder eine große Organisation hinter dir hast – wenn du schneller, nachhaltiger und organischer wachsen willst, sind Gastbeiträge die Antwort darauf.

Gastbeiträge sind für mich eine der effektivsten Inbound-Marketing-Methoden, die ich kenne. Inbound steht dabei dafür, dass die Kunden dich finden, im Gegensatz zum Outbound-Marketing, wo du deine Kunden findest. Dabei sind Gastbeiträge keine Instant-Lösung, die dir von heute auf morgen die Lösung auf all deine Probleme bringt – es ist, wie vieles andere im Marketing auch – eine langfristige Strategie. Und ja, dafür produzierst du Content. Sehr guten bitte. Denn jeder einzelne Beitrag leistet einen enormen Beitrag zu deinem Gesamterfolg. Wenn du den richtigen Inhalt erstellst, kannst du davon unmittelbar, aber auch langfristig profitieren und steigerst so die organischen Zugriffe auf deine Webpage nach und nach. Reputation gibt's obendrein kostenlos dazu. Wenn du hier jedoch systematisch und voll Intention vorgehst, wird es zu einer deiner effektivsten Marketing-Mix-Maßnahmen.

Damit dein Gastartikel nicht untergeht und die Leser nicht einfach »übersehen«, dass er von dir ist, hier noch eine kleine Taktik:

- Beende deinen Artikel mit einer Zusammenfassung oder einem »Jetzt bist du dran …«.
- Stelle eine Frage am Ende, eine, die gut zum Inhalt passt, aber dennoch darüber hinausgeht und

den Leser animiert, einen Kommentar zu hinterlassen.

- Baue einen Call-to-Action ein, also eine Handlungsaufforderung, die die Leserschaft dazu bringt, sich bei dir in deine Newsletterliste einzutragen. Das kann beispielsweise ein PDF, E-Book oder eine Checkliste passend zum Artikel sein.
- Wenn du auf deine Webpage verlinkst, gestalte eine separate Willkommensseite für die Leserschaft des anderen Blogs. Das ist eine einzelne Seite, auf der beispielsweise steht »Hallo, lieber Leser von XY! Schön, dass du hier bist. Klicke auf den Link und …«.

Diese kleine Taktik solltest du bei jedem deiner Gastartikel unbedingt beherzigen, denn genau damit erweiterst du laufend deine eigene Newsletter-Liste und damit Reichweite.

Ganz gleich, ob du eine Einzelunternehmerin bist oder zu den Größeren gehörst, guter Content inspiriert deine potenziellen Kunden und bestehende Kunden bauen noch weiter Vertrauen zu dir auf. Gute Inhalte tun vor allem eines: Sie stärken deine Marke!

Seiten wie New York Times oder HuffingtonPost setzen seit Langem auf dieses Prinzip, indem sie Gastartikel auf ihren Seiten erlauben und sogar wünschen und haben damit Millionen treuer Leser aufgebaut.

Recherchiere zu Beginn mindestens 50 Blogs, für die du schreiben willst. Analysiere die Blogs – passen sie wirklich zu dir? Nutze beispielsweise Alexa.com, ein spezielles online Analysetool, um mehr über die jeweilige Seite zu erfahren. Damit erfährst du, wie viele Besucher regelmäßig auf dieser Seite sind, wie gut sie verlinkt ist, wie aktuell und relevant sie von Google eingestuft wird. Sieh dir auch deren Social-Media-Kanäle an. Welche Zieltruppe ist dort vertreten? Passt sie im Prinzip zu deinem Idealkunden?

Schreibe pro Woche drei bis fünf Blogs an. Überlege dir zwei bis drei konkrete Themenvorschläge, aber verfasse die Artikel erst, wenn du eine fixe Zusage hast. Keine Antwort bedeutet dabei jedoch nicht automatisch eine Absage. Ich habe bei einigen selbst zwei- oder dreimal nachgefragt, bis letztendlich das Okay kam.

Schreibe, als würde es um den Pulitzerpreis gehen. Je besser dein Text, umso größer die nachhaltige Wirkung für dich! Verfasse dabei jedoch unbedingt Unique-Content. Selbst ein einzelner Gastbeitrag kann dir hoch qualifizierte Besucher auf deine Webpage bringen. Die Königsdisziplin besteht jedoch darin, dies konsequent zu tun. Konntest du einen Gastbeitrag veröffentlichen, promote ihn auch auf deinen eigenen Social-Media-Kanälen und über deinen Newsletter.

Sieh dir regelmäßig deine Webpage-Statistiken an, zum Beispiel mit Google Analytics, eTracker oder Piwik, damit du exakt siehst, welche deiner Gastartikel dir den meisten Traffic bringen. Wenn du in deinem Tracking-Tool zudem Ziele definierst, siehst du auch, welcher Gastbeitrag dir am meisten neue Newsletter-Leser generiert. Daraus kannst du wertvolle Schlüsse ziehen, worauf du dich zukünftig konzentrieren solltest. Oftmals macht es Sinn, mit der ein oder anderen

Webpage Vereinbarungen zu treffen, in regelmäßigen Abständen Gastartikel zu veröffentlichen.

17. Vorträge – ab auf die großen Bühnen

Vorträge zu halten, ist nichts für jedermann. Doch wann immer du dich auf einen Vortrag vorbereitest, lernst du, deine Botschaft strukturiert und klar auf den Punkt zu bringen. Zudem sind Vorträge eine großartige Möglichkeit, dich zu vernetzen. Lampenfieber gehört dazu. Selbst Richard Branson sagt heute noch, dass er ziemlich nervös ist vor seinen Auftritten. Je besser du allerdings vorbereitet bist, desto eher hält sich die Nervosität in Grenzen.

Möglichkeiten, um vor Publikum zu sprechen, gibt es fast überall, manchmal muss man sie nur entdecken. Ob bei Wirtschaftsverbänden, Handelskammer, Kongressen oder kleineren Netzwerktreffen. Die Nachfrage nach Referenten ist grundsätzlich fast immer gegeben. Du musst, auch wenn du blutjunger Anfänger bist, deine Zeit nicht kostenlos verschenken. Für einen einstündigen Vortrag brauchst du mindestens zwei bis drei Stunden Vorbereitung, zu Beginn sicher noch länger. Anfahrt, Präsentation, Rückreise kommen ebenfalls dazu. Nimm deinen aktuellen Stundensatz als Basis und schon hast du einen Anhaltspunkt, wie viel dein Vortrag kosten kann. Je mehr Erfahrung du hast, je größer deine Vorträge und je begeisterter dein Publikum wird, desto schneller werden die Preise für Vorträge steigen.

Wichtig dabei ist, dass du keine Scheu davor hast und dich traust. Wie bei allem wirst du durchs Sprechen einfach besser und besser. Je mehr Vorträge du hältst – und dir Feedback holst oder geben lässt –, desto besser wirst du. Organisationen wie Toastmasters oder die German Speaker Association bieten dir professionelle Grundlagen. Aber auch ohne diese kannst du ein sehr guter und damit erfolgreicher Redner werden.

Wenn du dich selbst ausprobieren möchtest, dann setze selbst ein MeetUp auf. MeetUp.com ist eine Plattform, um eigene Meetings zu organisieren. Weltweit. Eine tolle Möglichkeit, dir so einen Namen zu machen und deine Vorträge immer weiter zu perfektionieren. MeetUps eignen sich hervorragend, wenn du beruflich oder privat unterwegs bist. Setze einfach ein MeetUp in der Stadt auf, in der du sein wirst.

Für deinen Vortrag jedenfalls solltest du vorbereitet sein. Und das beginnt mit einem Ziel. Was willst du mit deinem Vortrag erreichen? Was möchtest du sagen, was vermitteln? Soll dein Vortrag humorvoll oder tiefgreifend sein? Wenn du zu einem Vortrag eingeladen bist, bitte den Veranstalter um entsprechende Informationen zum Publikum. Je besser du weißt, wer deine Zuhörer sind, umso besser kannst du den Vortrag auf sie anpassen.

Welche Fragen könnte das Publikum haben? Was wird sie am meisten zu deinem Thema interessieren? Wenn du das weißt, kannst du deinen Vortrag strukturieren und perfekt anpassen. Für eine Keynote plane gerne zehnmal so viel Vorbereitungszeit ein, wie der Vortrag selbst dauert. Also beispielsweise zehn Stunden

Vorbereitung für 50 Minuten Vortrag. Mache mindestens einen kompletten Durchlauf von deinem Vortrag und schau, wie du mit der Zeit auskommst.

Wenn du Präsentationsfolien erstellst, achte darauf, dass diese so wenig Text wie möglich enthalten und dieser entsprechend groß und gut lesbar ist – bis in die letzten Reihen.

Erstelle am Ende eine separate Folie, auf der du die Präsentation und eventuell weiteres Material zum Download anbietest. Wenn du dazu eine simple Webpage erstellst, also zum Beispiel MeinName.com/Vortrag – etwas, dass sich die Teilnehmer leicht merken können, holst du hier eine Menge neuer Newsletter-Leser ab, wenn du dem Download die Anmeldung zum Newsletter voraussetzt.

Wenn du bereits geübter bist, dann beginne deine Vorträge, ohne Folien zu halten, denn das lenkt den Fokus von den Folien auf dich. Zudem kannst du auf das Publikum noch konkreter eingehen und die Bühne noch besser für dich beanspruchen. Und noch einen Vorteil hat das Präsentieren ohne Folien: Es macht deutlich weniger Stress, weil du dich nicht um die Technik und alles Drumherum zu kümmern brauchst. Meistens bleibt zudem mehr Zeit für Fragen aus dem Publikum über, weil du dich nicht durch die Folien hetzen musst.

Auch für Social Media kannst du deinen Vortrag hervorragend nutzen. Bitte jemanden, ein Live-Video von deinem Vortrag auf Facebook zu übertragen. Oder Ausschnitte davon auf Instagram. So zeigst du nicht nur, dass du auch Vorträge hältst, sondern sorgst gleichzeitig für eine Menge Content auf deinen Social-

Media-Kanälen. Und wenn du möchtest, kannst du ja über deine Social-Media-Kanäle direkt Fragen deiner Follower entgegennehmen und diese live beim Vortrag im Q&A-Part beantworten. Kündige deine kommenden Vorträge auf deiner Webpage, deinem Newsletter und Social Media an. Lege Veranstaltungen auf Facebook und Xing dafür an, sofern es öffentliche Auftritte sind. Nutze ansonsten die Vorbereitung, den Vortrag selbst und auch die Nachbereitung für dein Storytelling auf deinen Social-Media-Kanälen.

Selbst die besten Redner haben irgendwann mit dem ersten Vortrag begonnen. Das Entscheidende ist zu starten. Biete anfänglich kostenlose Vorträge an, verbessere dich. Nimm dich selbst bei deinen Vorträgen auf und analysiere, was du siehst. Bist du zufrieden? Wo kannst du dich verbessern? Wie kann dein Vortrag noch flüssiger werden?

18. Kindle eBook – alles beginnt mit dem ersten Satz

Ich bin der Meinung, wirklich jede Unternehmerin und jeder Unternehmer sollte heute sein eigenes Buch haben. Und zwar aus mehreren Gründen:

1. *Du hast den Content:* Du schreibst eventuell schon einen Blog oder hältst laufend Vorträge, hast jede Menge Erfahrung auf deinem Fachgebiet gesammelt, hast mit unterschiedlichsten Kunden gearbeitet und die ein oder ande-

re Hürde gemeistert. Und vermutlich hast du auch eine Menge Ideen gespeichert – in deinem »Entwürfe«-Ordner auf deinem Computer oder in deinem Kopf, mit denen du vielleicht schon jetzt ganze Bücher füllen könntest.
Du bist Unternehmer, weil du etwas zu sagen hast, weil du ein Produkt, eine Idee oder Vision hast, für die du brennst und die dich aus dem Mittelmaß heraushebt. Du weißt, dass du etwas besser kannst als alle anderen in der Welt. Aber wie soll die Welt es erfahren? Bestimmt nicht anhand deiner Visitenkarte oder Flyer. Denn die landen höchstens in der Schublade, wenn nicht gleich im Müll.
Es ist also Zeit, dass die Welt erfährt, was du zu sagen hast und was du kannst. Du bist fasziniert von Licht und Technik, dann schreibe darüber, wie sich Licht auf unser Leben auswirkt und wie man es am besten integriert. Du bist CRM-Experte? Dann schreibe darüber, wie CRM deiner Meinung nach heute tatsächlich funktioniert. Du hast eine Social-Media-Agentur? Dann schreibe darüber, wie sich Social Media auswirkt und welche Chancen darin liegen, wenn man es richtig und strategisch einsetzt. Du bist Beziehungs- oder Flirtcoach? Dann erzähle darüber, wie man online am besten richtig flirtet und zu ersten Dates kommt.
Zugegebenermaßen ist nicht jeder ein guter Autor. Doch kein Problem – selbst sehr berühmte Menschen lassen ihre Bücher schreiben. Such

dir einen Ghostwriter, lagere das Schreiben aus. Das geht sogar mittlerweile sehr günstig. Über Plattformen wie UpWork.com findest du selbst deutschsprachige Ghostwriter zu einem fantastischen Preis. Bei E-Books für Kindle brauchst du zudem keine 50.000 Worte oder mehr. Ab 20.000 Worten bist du gut dabei und lieferst eine Menge Wert für dein Buch. Und wenn du dein Büchlein dann dennoch im Self-Publishing veröffentlichen willst, umso besser.

2. *Du hast noch so viel mehr zu sagen:* Egal wie viel oder regelmäßig du auf deinen Social-Media-Kanälen schon schreibst oder veröffentlichst– du hast noch eine Menge mehr zu sagen. Mit allem, was du auch bisher schon sagst oder in deinem Newsletter schreibst, kratzt du immer nur an der Oberfläche. Zudem kannst du deine besten Artikel ja in dein Buch miteinfließen lassen. Du solltest nicht unbedingt alle deine Blogartikel aneinanderreihen und zu einem Buch machen, aber wenn sich das eine oder andere wiederfindet, spielt das keine Rolle, denn diese Texte sind ja gut. Sie kamen schon jetzt bei deinen Lesern gut an. Zudem werden nicht nur deine eigenen Blog- oder Newsletter-Leser dein Buch lesen – für diese sind deine Inhalte also »neu«.

Wenn du Blogartikel verwendest, dann schmücke sie weiter aus. Die meisten Blogartikel sind nicht besonders lang. Geh also ein wenig mehr in die Tiefe. Finde Ein- und Überleitungen. Recherchiere etwas mehr zu dem Thema und schon hast du aus etwas Bestehendem etwas noch Besseres gemacht. Ab damit ins Buch.

3. *Amazon kann ein riesen Multiplikator für dich sein*: Dein Buch wird dich nicht reich machen. So viel vorweg. Obwohl, man weiß ja nie. Aber grundsätzlich kannst du davon ausgehen, dass es das nicht tun wird. Dennoch kannst du durch ein Kindle-E-Book deine Reichweite massiv aufbauen. Wenn dein Buch nämlich ein Bestseller in seiner Kategorie wird, und ich erzähle dir gleich, wie das geht, hast du damit sehr gute Chancen, direkt in den Newsletter von Amazon aufgenommen zu werden. In diesem Fall macht dieser Weltkonzern plötzlich Werbung für dich. Mit geringerem Aufwand bringst du solche eine Marketingmaschinerie sonst nie zum Laufen als hier. Das erhöht nicht nur weiter deine Autorität, sondern steigert vor allem deine Bekanntheit. Zudem ist es auch immer nett, sagen zu können »Ich bin Autorin«.

Nachdem dein Buch nun also geschrieben ist, ob selbst oder von einem Ghostwriter, kannst du dich ans Cover machen. Auch dazu kannst du auf Fiverr.com oder Upwork.com nach entsprechenden Grafikern suchen oder die Grafikerin deines Vertrauens beauftragen. Sieh dir jedoch an, welche Cover der Grafiker bereits erstellt hat und bring eine Menge eigener Vorschläge und Ideen mit, die dir gefallen. Immerhin ist es dein Buch und soll zu dir und deinem Personal Branding passen.

Wenn dein Buch im richtigen Format für Kindle ist, ist das Integrieren auf Amazon keine Hexerei mehr. Im Übrigen finde ich auch hier wieder Korrektorat und Lektorat enorm wichtig. Wir sind es nun mal gewohnt, dass Bücher – egal in welcher Form – grammatikalisch und typografisch – korrekt geschrieben sind. Zu viele Fehler in deinem Buch schaden dir und deiner Marke und sorgen für schlechte(re) Bewertungen auf Amazon.
Promote von Anfang an dein Buch – ab dem Tag, an dem du weißt, dass du es schreiben wirst. Das hilft dir einerseits dabei, es wirklich fertigzustellen und andererseits baust du damit Erwartungen auf. Lege dir eine Interessentenliste an, in die man sich eingetragen kann, wenn man alle Infos zum Publikationstermin haben möchte und somit einer der Erstkäufer werden möchte.
Da du deinen Verkaufspreis auf Kindle selbst bestimmten und jederzeit verändern kannst, kannst du auch hier beispielsweise einen 48-Stunden-Super-Sale veranstalten. Innerhalb dieses Zeitrahmens ist dein Buch dann zu einem Sonderpreis erhältlich. Danach setzt du den Preis auf deinen Wunschpreis.
Um ein Amazon-Kindle-Bestseller zu werden, brauchst du innerhalb eines Tages die höchste Anzahl an Verkäufen in deiner Kategorie. Das bedeutet, wenn du beispielsweise 100 Bücher innerhalb von wenigen Stunden verkaufst, bist du automatisch Bestseller! Ziemlich easy, oder? Darum ist es wichtig, dass du von Anfang an da-

rauf abzielst, an einem bestimmten Tag so viele Bücher wie nur irgend möglich zu verkaufen. Sobald du in der Rangliste nach oben rutscht, mach einen Screenshot und feiere dies mit deiner Community. Gratulation – Amazon-Kindle-Bestseller-Autor! Ich selbst nutze diese Strategie mit meinen Kunden immer wieder erfolgreich. Freilich ist das nicht mit einem Spiegel oder New-York-Times-Bestseller zu vergleichen. Aber es ist ein Anfang.

Ab dann geht es darum, dein Buch weiter zu promoten und Rezensionen zu erhalten, ehrliche, bitteschön. Und dann kannst du dich ans nächste Buch wagen.

19. Dein Tribe/deine Fanbase – Erfolg durch deine Community

Menschen sind gerne Teil von etwas. Sie gehören gerne dazu, verbinden sich mit Menschen, die Ähnliches denken, tun und ähnliche Interessen haben. Die Energie, die von solch einer Gruppe ausgehen kann, kann gewaltig sein. Ebenso das Potenzial für Kreativität. Wenn du deiner Community gut zuhörst, ist das ein wahrer Pool an neuen Ideen, Feedbacks und Inspiration, um noch besser zu werden.

Wir alle haben dieses Bedürfnis, mit anderen Menschen verbunden zu sein, Freundschaften zu schließen, Erfahrungen auszutauschen, am Laufenden zu bleiben, über Trends Bescheid zu wissen und uns weiterzuentwickeln. Deshalb schließen wir uns Communities an. Oder wie Bruce Dickinson, Sänger der Hardrock-Band Iron Maiden, sagt: Suche nicht nach Kunden, finde Fans!

Wenn du für dein Unternehmen eine Gruppe Menschen hast, die kontinuierlich daran interessiert ist, was du zu sagen hast, was du tust, welche Produkte du anbietest, ist das die beste Basis für ein erfolgreiches Unternehmen. Menschen, die gerne hören, was du sagst, werden zu guten Multiplikatoren für dich, werden deine Inhalte teilen, mit anderen darüber sprechen und so zu deinen Markenbotschaftern werden. Dadurch wächst deine Community weiter. Denn nichts ist wertvoller als Social Proof, also die Meinung anderer.

Jede Community beginnt mit der ersten Person – und das bist du! Je authentischer du dich gibst, sagst, was du zu sagen hast, und auch klar in die Rolle des Leaders trittst, desto schneller kannst du deine Community aufbauen.

Dabei muss dir klar sein, was und wen du ansprechen willst. Denn du wirst niemals »alle« damit erreichen. Es wird immer Menschen geben, die nicht hören oder sehen sollen, was du tust. Denen es nicht gefällt, wer du bist oder wie du dich gibst. Und das ist völlig in Ordnung. Dank Social Media ist es heute leichter denn je, solche Communities aufzubauen und täglich in Interaktion zu sein.

Wer also soll in deiner Community sein? Denn deine Community soll nicht einfach willkürlich wachsen, sondern du sollst aktiv exakt die Menschen ansprechen, die du möchtest. Menschen, die zu allerhöchster Wahrscheinlichkeit, dein Angebot in Anspruch nehmen. Wie viele Menschen möchtest du erreichen? Wie groß soll deine Community werden? Wie sehen sich die Menschen innerhalb deiner Community? Was gibt es ihnen, Teil davon zu sein? Was sind Dinge, die sie erreichen möchten? Was haben sie davon, Teil deiner Community zu sein?

Hier geht es noch nicht um den »Kunden-Avatar«, sondern um das große Ganze dahinter. Doch zuerst sollte dir klar sein, wen du ansprechen willst und weshalb. Denn Menschen fühlen sich von Menschen angezogen, die so sind, wie sie selbst – also wie du. Mit welchen Menschen möchtest du zu tun haben, welche Einstellungen und Werte haben sie? Hier ist nicht die Antwort auf soziodemografische Werte gesucht, sondern die persönlichen Aspekte dieser Menschen. Es geht darum zu verstehen, was diese Menschen erreichen möchten, welche Ziele und Visionen sie selbst haben. Was ihre Träume und heimlichen Sehnsüchte sind, die sie durch das Erreichen der Träume realisieren können. Das, wie auch dein Kundenavatar, wird sich laufend weiterentwickeln, wird sich verändern, wie auch du dich veränderst im Lauf der Zeit. Es ist also keine in Stein gemeißelte Auflistung verschiedener Fakten, sondern ein sich wiederholender Prozess.

Am besten, deine Community bekommt einen Namen wie beispielsweise die *Dranbleiber* von Mark Maslow, dem Fitness-Coach. Oder die *Freedom Hacker* von Kimra Luna, einer Online-Entrepreneurin Beides sind Namen, die sofort vermitteln, worum es geht und wer sich angesprochen fühlt, kann sich prompt damit identifizieren, weil es um eine Lebenseinstellung geht. Das ist es, was eine richtig gute Community ausmacht.

Damit deine Community weiter wächst, kannst und solltest du natürlich auch wieder Social Media miteinbeziehen. Es ist heute nichts leichter, als über exakt diese Kanäle deine perfekte Community zu erreichen. Ob über Facebook-Anzeigen oder gutes, strategisches Einsetzen von Hashtags auf Instagram. Wenn du weißt, was die Werte deiner Community sind, kannst du sie über Hashtags direkt ansprechen bzw. mittels Bildern exakt diese Lebenseinstellung vermitteln. Auf Facebook eignen sich dafür oftmals spezielle Facebook-Gruppen in denen du exakt die Menschen, die du suchst, bereits findest. Eine detaillierte Recherche der Gruppen lohnt sich allemal. Sprich deine Community direkt an, auch in deinen Blogartikeln, Podcasts oder Videos. Je stärker das Zugehörigkeitsgefühl für die Menschen wird, umso länger werden sie dir treu sein und während du ihnen hilfst zu erhalten, was sie wollen, helfen sie dir dadurch zu bekommen, was du willst.

20. Fast jeder liebt Challenges

Kostenlose Challenges sind ein großartiges Tool, um viele Menschen zu erreichen und gemeinsam etwas zu bewegen. Als ich im Mai 2013 meine erste kostenlose Online-Challenge durchgeführt habe, hatte ich keine Ahnung, wo das hinführen würde. Denn aus anfänglich 21 Teilnehmern wurden weit über 1600 – pro Durchgang. Da das Konzept immens erfolgreich war, haben immer mehr Challenges stattgefunden – von der TCM-Challenge über die Fitness-Challenge, die Leichter-Leben oder die Meditations-Challenge. Heute gibt es quasi zu jedem Thema eine Challenge, auch wenn sie zum Teil anders heißen. Die Möglichkeiten sind so vielfältig wie die Themen an sich.

Das Konzept von Challenges ist dabei relativ einfach: Während eines bestimmten Zeitraums erhalten die Teilnehmer (meist) täglich eine Aufgabe, die am selben Tag umzusetzen ist. Die Aufgaben sind so konzipiert, dass sie zwar mit relativ geringem Aufwand durchführbar sind, aber dennoch Ergebnisse bringen. Dadurch, dass bei solchen Challenges in der Regel sehr viele Menschen teilnehmen, entsteht beinahe automatisch eine gewisse Dynamik, die zum Mitmachen und Dranbleiben animiert. Das Ziel einer Challenge ist meist ein konkretes Angebot für all jene, die nach der Challenge weitermachen und mehr zu dem Thema lernen möchten.

Doch nicht jede Challenge wird überrannt. Nicht jede ist erfolgreich. Nicht jede bringt dir die richtige Art der Reputation.

Wenn du jedoch eine Challenge entwickelst, die etwas beinhaltet, das deine Zielgruppe tatsächlich braucht *und* will, dann kann sie zu einem wahren LeadMagnet für dich werden und in weiterer Folge ein geniales Sprungbrett, um aus Interessenten Kunden zu machen.

Doch dafür solltest du das Pferd von hinten aufzäumen und dir zuerst Gedanken darüber machen, was das eigentliche Ziel deiner Challenge ist. Willst du vordergründig deine Newsletter-Liste ausbauen, deinen Umsatzsteigern, ein neues Produkt lancieren oder deine Expertise unter Beweis stellen? Was ist zudem das Ziel der Teilnehmer, was genau bringt ihnen diese Challenge, was wird am Ende für sie anders sein, was haben sie gelernt, getan oder verändert?

Je besser dein roter Faden ist, der die Teilnehmer durch deine Challenge führt, desto besser denn umso mehr Teilnehmer halten bis zum Ende durch. Überlege dir also gut, wann du welche Inhalte einbaust. Denke an den Spannungsbogen beim Aufsatz, Theater, Film – Einleitung, Hauptteil, dramaaaaatischer Schluss. Liefere diesen auch bei deiner Challenge und du sorgst damit dafür, dass möglichst viele von Anfang bis zum Ende dabeibleiben. Im Übrigen werden von 100 Teilnehmern etwa 80 beim Start dabei sein und rund 40 bis 50 bis zum Ende durchhalten.

Eine Challenge sollte nichts sein, von dem ich mich nur berieseln lasse. Die Aufgaben sollten mich sofort animieren, etwas umzusetzen, anzupacken, zu verändern – schlichtweg zu *tun*! Achte also sehr darauf, dass deine Aufgaben umsetzbar sind (zeitlich, finanziell, den Möglichkeiten angepasst …) und du selbst hier als Animateur vorangehst und die Menschen ansteckst mit deiner Begeisterung und motivierst, die Aufgaben tatsächlich umzusetzen.

Achte darauf, dass deine Challenge Elemente beinhaltet, die teilbar sind. Also *share*bar. Du möchtest, dass deine Teilnehmer selbst auf ihren Profilen posten, was sie bei dir tun, dass sie mitteilen, welche Erfolge sie haben. Oder dass sie Videos drehen, Blogartikel schreiben, podcasten, auf der Straße mit dem Megaphon stehen und erzählen, was sie gerade bei dir tun. Gemäß dem uralten Presseslogan »Tue Gutes und lass andere darüber reden«. Je mehr andere – deine Challenge-Teilnehmer – deinen Namen nach außen tragen, desto besser für dich.

Selbstverständlich soll deine Challenge tatsächlich, absolut und in jeder Weise hilfreich sein und einen echten Mehrwert für die Teilnehmer bieten. Aber ich hoffe, das versteht sich von selbst!

Wenn du eine Challenge planst, beginne mindestens zwei Wochen vorher mit der entsprechenden Promotion. Dies kann über deinen Newsletter, aber auch über Social Media sein. Nutze auch Facebook-Anzeigen um gänzlich neue Menschen anzusprechen und damit deine Community weiter wachsen zu lassen. Es kann sich sehr lohnen, nicht bei jeder Challenge ein Angebot zu haben, sondern die Challenge einfach nur für die Fans zu machen, ohne etwas zu verkaufen. Nur aus Freude am Tun und Geben.

Du kannst zwar das ganze Jahr über immer wieder Challenges anbieten, aber sei sparsam damit, wenn es um die gleiche Challenge geht. Hier hat sich sehr gut bewährt, diese maximal zweimal pro Jahr durchzuführen, um das Interesse möglichst hoch zu halten, damit sie sich nicht selbst inflationiert.

21. Facebook-Gruppen – eigene und fremde

Facebook-Gruppen gibt es wie Sand am Meer. So viele, dass niemand mehr weiß wie viele tatsächlich, denn täglich kommen hunderte neue dazu. Ein gutes Zeichen, denn es zeigt, wie beliebt sie sind. Dabei macht es nicht nur Sinn, in Gruppen Mitglied zu sein, sondern auch selbst eine solche Gruppe zu eröffnen. Doch diese Gruppen wollen auch gut moderiert werden, wenn sie sich positiv auf deine Sichtbarkeit auswirken sollen.

Menschen werden Teil einer Facebook-Gruppe, um zu lernen, sich ein Netzwerk aufzubauen, zu sehen, was der Mitbewerb macht, Freundschaften zu vertiefen, Partnerschaften aufzubauen, die eigene Sichtbarkeit erhöhen, um up to date zu bleiben, Wissen mit anderen zu teilen, neue Bekanntschaften zu schließen oder um neue Informationen zu erhalten. Es gibt also eine Menge guter Gründe, weshalb Gruppen gegründet werden. Und vielleicht ist dir aufgefallen: »Um zu verkaufen« steht nicht dabei. Ja, mittlerweile gibt es auch Verkaufsgruppen für Flohmarkt, Gebrauchtes und so weiter. Aber diese sind in der Regel eher privater Natur. Geschäftlich kenne ich keine erfolgreiche Gruppe, in der reger Austausch und Handel getrieben wird. Doch wenn du deine Zeit in Facebook-Gruppen strategisch richtig planst, können sie ein wesentlicher Erfolgsfaktor für deine Sichtbarkeit sein, vor allem zu Beginn. Wuchtig dabei ist, dass du verstehst, dass Gruppen kein Ort sind, wo du dich andauernd präsentierst und deine Angebote herzeigst. Nur du findest im Lauf der Zeit heraus, wie sehr die ein oder andere Gruppe für dich und dein Business nützlich ist. Doch im Endeffekt ist Netzwerken an sich immer gut. Und bekanntlich ist es fast immer gut, dorthin zu gehen, wo schon viele sind. In Gruppen sind sehr viele.

Doch du hast vielleicht schon gemerkt, dass du bestimmte User in etlichen Gruppen wiedertriffst! Sie sind in Gruppe A, in der du auch bist. Dann sind sie auch in Gruppe B und C. Ach ja, und in D, E und F sind anscheinend ebenfalls dieselben Mitglieder.

Wer viel in Gruppen unterwegs ist, der merkt schnell, dass er in manchen Gruppen dutzende, wenn nicht sogar hunderte gemeinsame Freunde hat. Und das ist ein Problem.

Denn du kannst deine Sichtbarkeit nicht erweitern, wenn überall dieselben Menschen sind, die dich ohnehin schon kennen. 527 gemeinsame Freunde in einer Gruppe sind keine Chance für dich, sondern ein Limit. Denn du zeigst dich damit Menschen, die dich ohnehin schon kennen.

Facebook hat allein in Deutschland 28 Millionen Nutzer! 19 Millionen davon sind täglich auf Facebook aktiv.

Suche dir mindestens drei neue Gruppen, die zu deinem Business passen, in denen du weniger als zehn, besser noch weniger als fünf gemeinsame Freunde hast. Stell dich in diesen Gruppen vor und sei in diesen Gruppen für mindestens zwei Wochen aktiv. Dafür genügen täglich etwa zwei bis fünf Minuten pro Gruppe. Entscheide danach, ob du in diesen Gruppen weiterhin aktiv bleibst oder dir neue Gruppen suchst, die noch besser zu dir passen. Das kannst du übrigens auch auf XING und LinkedIn machen, wenn du auf diesen Plattformen aktiv bist.

Damit wirst du eine völlig neue Sichtbarkeit für dich erreichen!

Sei in diesen Gruppen insofern aktiv, als dass du auf genau jene Posts und Kommentare reagierst, die mit deiner Kernexpertise zu tun haben! Es geht nicht darum, stundenlang alle Posts zu lesen und überall zu liken. Sondern nur dort, wo es um deine Expertise geht.

Kenne also deine wichtigsten Keywords, Phrasen oder Eigenschaften, die deine Zielgruppe verwendet. Denn nach diesen kannst du über die Suchfunktion innerhalb der Gruppe, die entsprechend relevanten Beiträge oder Kommentare sehr effektiv filtern. Wenn du z.B. Money Coach bist, kannst du nach »Geld«, »Zahlung«, »Preise« suchen. Bist du z.B. Entspannungs-Trainer, kannst du nach »Stress« oder »überfordert« suchen. Wenn du Grafiker oder Designer bist, kannst du nach »Farben«, »Layout«, »Logo« oder »Design« suchen. Damit wirst du effektiver in der Nutzung der Gruppen und reduzierst deutlich deine Zeit, die du in den Gruppen verbringst!

Aber es gibt natürlich auch eigene Gruppen, also Gruppen, die du gründest und moderierst. Eigene Gruppen können ein hervorragender Weg sein, um deine Kundenbasis zu erweitern, neue Kunden zu erreichen und die Beziehungen mit bestehenden weiter zu vertiefen und zu intensivieren.

Eine eigene Gruppe bietet dir eine sehr gute Gelegenheit, deine Expertise in deinem Bereich noch besser zu zeigen als nur auf deiner Facebook-Fanpage. Denn

Menschen mögen es, wenn sie das Gefühl haben, einen Experten an der Hand zu haben, den sie jederzeit etwas fragen können. So kannst du deine eigene Gruppe dafür nutzen, dein Wissen nochmals explizit weiterzugeben und dich als wertvolle Quelle zu etablieren.

In einer eigenen Gruppe kannst du nicht nur neue Interessenten, sondern natürlich auch Kunden und Fans erreichen. Da Gruppen stets themenbezogen sind, kannst du deine eigene Gruppe unter dein Motto stellen oder sogar einen Teilbereich von deiner Tätigkeit herausstreichen.

Gruppen können natürlich nicht nur für die große Masse eingerichtet werden, sondern auch beispielsweise für ein Projektteam oder Mitarbeiter. Da heute beinahe jeder Facebook nutzt, kann das eine hervorragende Möglichkeit sein, um im Team noch besser zusammenzuarbeiten.

Aber auch für Premium-Leistungen sind eigene Facebook-Gruppen perfekt geeignet und Facebook hat mittlerweile auf den Trend reagiert, dass viele Unternehmer Gruppen dazu verwenden, Kunden oder Kursteilnehmern eine eigene Gruppe zur Verfügung zu stellen, wo ein einfacher Austausch, aber auch Interaktion mit dem Trainer möglich sind. So kann man heute in den Gruppeneinstellungen definieren, dass diese für Ausbildungen sind und kann dadurch sogar Lehrinhalte oder Lektionen einfach und übersichtlich integrieren.

Mit eigenen Gruppen erhältst du sogar automatisches, kostenloses Marketing von Facebook. Denn Facebook zeigt Nutzern stets an, welche Gruppen von deren Freunden benutzt werden. Diese Anzeige erscheint im rechten Teil der Standardeinstellungen.

Wähle ein Thema für deine Gruppe, das zu dir passt. Lege fest, was in der Gruppe passieren soll. Definiere die exakte Zielgruppe für diese Gruppe und vor allem, worin der klare Nutzen für die Gruppenmitglieder liegt. Gruppen wachsen am besten, wenn sie klar moderiert und geführt werden, bring dich selbst aktiv ein. Kümmere dich aber auch um das Wachstum deiner Gruppe. Achte auf die Stimmung und Tonalität in der Gruppe. So hat es beispielsweise Christina Emmer mit ihrer Facebook-Gruppe »Werde sichtbar als Coach« in kürzester Zeit geschafft, dass sie damit rund 12.000 Mitglieder direkt erreichen konnte.

22. 5 x täglich – bring dich aktiv ins Gespräch

Erfolge entstehen nicht über Nacht und auch nicht an einem Tag. Erfolge entstehen durch tägliches Tun. Je aktiver du bist, desto eher stellt sich die Art von Erfolg ein, die du dir wünschst. Bring dich täglich mindestens fünfmal ins Gespräch.

Fünfmal pro Tag sollst auch du Obst und Gemüse essen. Das tue ich selbst zwar nicht konsequent, was ich aber wirklich konsequent mache, sind diese fünf. Für deinen Erfolg sind sie so wichtig wie Vitamine – wenn nicht sogar noch wichtiger.

Die Idee stammt nicht von mir, sondern von dem Bestseller-Autor Jack Canfield, der mit seinem Buch

»Hühnersuppe für die Seele« einen Millionenbestseller gelandet hat. Doch der Erfolg kam auch bei ihm nicht über Nacht, sondern durch die konsequente Anwendung dieser Methode.

Als er selbst auf der Suche nach einer Möglichkeit war, sein Buch zu promoten, stieß er auf ein anderes Buch. Es hieß »1001 ways to publish your book«. In diesem hat er viele Ideen für seinen eigenen Erfolg gefunden und sie konsequent umgesetzt.

Er hat laut eigenen Angaben täglich, jeden einzelnen Tag, ob Feiertag oder nicht, bei schönem und bei schlechtem Wetter, ob er müde war oder krank, fünf Ideen umgesetzt.

Doch ich möchte dich warnen: Sei auf den massiven Erfolg eingestellt! Fremde Menschen werden dich kontaktieren, du wirst Anfragen erhalten, man wird aktiv auf dich zukommen und du wirst einen gewaltigen Sprung in deinem Business machen – wenn du dich konsequent daran hältst!

Bringe dich und dein Produkt bzw. deine Dienstleistung täglich fünfmal ins Gespräch. Egal welcher Tag ist, hinterlasse fünf Spuren von dir und deinem Unternehmen.

Nicht alle Ideen werden 1:1 für dein Unternehmen passen. Denke jetzt aber nicht gleich »Das geht bei mir doch nicht«, sondern frage dich: »*Wie* kann das für mich funktionieren?« und »*Was* kann für mich funktionieren?". Sei offen und werde kreativ. Adaptiere die Ideen für dein Business und entwickle viele neue.

Ein Beispiel: Du kannst einen Pressebericht versenden (1. Kontakt). Du kannst einen regionalen Radiosender kontaktieren (2. Kontakt). Du kannst bei einer Veranstaltung auf dich aufmerksam machen (3. Kontakt), ein Posting auf Facebook stellen (4. Kontakt) und einen potenziellen Kunden/Lieferanten ansprechen (5. Kontakt).

Hier sind noch ein paar Anregungen für dich:

- Schreibe Beiträge auf Facebook.
- Poste auf deinem Twitter-Account.
- Erstelle einen Beitrag auf HuffingtonPost.
- Knüpfe neue Kontakte auf Xing.
- Versende einen Pressebericht.
- Mache einen »Tag der offenen Tür«.
- Tritt Gruppen auf Xing bei und bring dich aktiv ein.
- Erstelle ein LinkedIn-Profil.
- Gib einem regionalen Radiosender ein Interview.
- Poste auf Google+.
- Richte ein Snapchat-Konto ein.
- Poste einen Beitrag von dir auf Medium.
- Erstelle einen Slide-Share-Beitrag.
- Kontaktiere einen potenziellen Händler.
- Verteile Flyer.
- Verwende Paketbeilagen, um auf deine Produkte aufmerksam machen.
- Versende einen Newsletter.
- Schreibe Kommentare in Foren, in denen deine Zielgruppe aktiv ist.
- Füge auch in deiner privaten E-Mail-Signatur einen Link zu deiner Unternehmenswebseite ein.
- Registriere dich bei B2B-Plattformen wie www.werliefertwas.de oder www.alibaba.com.

- Werde Sponsor bei einer Veranstaltung.
- Suche Datenbanken, in denen du dein Unternehmen registrieren kannst.
- Versende ein Muster deines Produktes an einen Promi.
- Starte eine Testaktion, bei der Kunden dein Produkt kostenlos testen können und dafür einen Erfahrungsbericht im Internet veröffentlichen.
- Suche und kontaktiere potenzielle Kooperationspartner.
- Schreibe einen Gastartikel für eine andere Website.
- Bitte deine Kunden, dein Produkt zu bewerten – entweder auf deiner Website oder einem entsprechenden Portal.
- Erstelle einen neuen Blog-Beitrag.
- Biete dein Produkt auf Amazon an.
- Verteile Gutscheine.
- Gestalte Displays und Poster – verwende sie vor deinem Geschäft oder bitte andere, deine Poster aufzuhängen.
- Promote dein Produkt auf Messen oder in Einkaufszentren.
- Gestalte ein Kennenlern-Produkt.
- Versende eine handschriftliche Danke-Karte.
- Schreibe eine persönliche Rezension an den Autor des letzten Buches, das dich inspiriert hat.

Es geht nicht darum, 3.000 unterschiedliche Ideen zu kreieren, sondern die, die für dich am besten funktionieren, immer und immer wieder anzuwenden. Du kannst alle vier Wochen einen Pressebericht schreiben, dein Produkt kannst du jede Woche an drei Promis versenden, du kannst jederzeit Paketbeilagen gestalten oder Produktmuster versenden. Deinen Newsletter kannst du wie Seth Godin sogar täglich versenden und ebenso täglich einen Blogartikel oder Gastartikel schreiben. Du kannst pro Tag neue Kontakte auf Xing knüpfen, und es gibt vermutlich hunderte möglicher Kooperations- oder Vertriebspartner für dich und dein Business.

Wähle die Tätigkeiten aus, die dir am meisten Spaß machen. Aber wähle auch immer wieder welche aus, die dich aus deiner Komfortzone locken. Werde kreativ, überlege dir weitere Wege und wende »Das Gesetz der 5« täglich an.

Nicht jeder dieser täglichen Kontakte wird direkt zu einem Ergebnis führen – aber in Summe generierst du damit pro Woche 35 Kontakte. Im Monat durchschnittlich 150 und im Jahr über 1.800 direkte Kontakte! Selbst wenn nur fünf Prozent dieser Kontakte deine Botschaft weiter teilen – ein »Share« auf Facebook, ein »Teilen« auf Xing, die Berichterstattung in einer Zeitschrift, die Veröffentlichung deiner Pressemitteilung auf einem Online-Portal, ein Beitrag im regionalen Radio – was wäre das für ein gewaltiger Schritt für deine Sichtbarkeit, dein Unternehmen und Vorsprung gegenüber deinen Mitbewerbern?

Es kann ein wenig dauern, bis du die ersten Rückmeldungen und Reaktionen bekommst. Vielleicht aber auch nur ein paar Minuten. Wichtig ist – sei konsequent. Den großen Durchbruch hatte Jack Canfield nach etwa einem Jahr, dafür jedoch sprichwörtlich über Nacht. Das hat er vor allem seinem Durchhaltevermögen zu verdanken. Er hat nicht aufgehört, von seinem Buch zu sprechen und es immer und überall beworben. Der Erfolg gab ihm Recht, denn bei ihm haben all diese kleinen, einzelnen, täglichen Kontaktpunkte dazu geführt, dass sein Buch mehr als 100 Millionen Mal verkauft wurde.

Wie erfolgreich willst du sein? Was würde es für dich bedeuten, wenn du dein Angebot millionenfach verkaufen könntest? Gib dieser Methode eine Chance und mach es zu einer deiner Top-Prioritäten, mindestens fünfmal pro Tag aktiv über dich und dein Business im Gespräch zu sein.

23. Netzwerktreffen – offline und online

Hast du dich schon mal gefragt, warum der Besuch von einem Seminar oder das lokale Netzwerktreffen mit dem Gastredner wirklich relevant sein soll für dich? Ganz einfach, weil Networking ein essentieller Teil deines Jobs als Unternehmer ist. Dabei tust du es schon jetzt täglich – erweiterst jeden Tag dein Netzwerk. Denn selbst wenn du einen Installateur, Mechaniker oder neuen Frisör brauchst, du fragst zuerst in deinem Netzwerk, in dem Fall vermutlich in deiner Familie und deinem Freundeskreis. Doch was, wenn du etwas für dein Unternehmen brauchst? Wen fragst du dann? Genau, andere Unternehmer!

Je größer diesbezüglich dein Netzwerk ist, desto mehr Chancen hast du, an die für dich richtigen und wichtigen Kontakte zu kommen. Denn bekanntlich ist jeder Mensch mit jedem über nur fünf weitere Kontakte verknüpft. Es ist das Prinzip der kleinen Welt. Auf diese Weise kommst du leicht an exakt die Kontakte, die den nächsten Schub für dich bringen können. In jedem Bereich.

Denn Netzwerken kann einen wesentlich höheren ROI liefern als viele andere deiner Investitionen. Ein richtig gutes Netzwerk kann dir in vielen Fällen die größten oder lukrativsten Aufträge einbringen – einfach, weil du die richtigen Menschen kennst. Es ist wie bei allem: Wir kaufen gern von Menschen, die wir kennen!

Aber nicht nur der finanzielle Aspekt ist beim Netzwerken relevant, auch der immaterielle, denn durch ein großes Netzwerk erhältst du unglaublich viel neue Anregungen, Ideen und kannst dich mit enorm spannenden Persönlichkeiten verbinden. Denn bekanntlich prägen uns die fünf wichtigsten Personen in unserem Umfeld am meisten. Such sie dir aus!

Ein gutes Netzwerk aufzubauen braucht Zeit. Ein Einsatz, der sich nicht sofort rentiert. Freilich trifft man ab und an diese eine Person, mit der es sofort klare Resultate gibt, aber das ist eher die Ausnahme. Und wenn du dich fragst, ob du nun eher SEO, Bloggen oder Social-Media-Aktivitäten vorziehen sollst, dann muss ich ein klein wenig ausholen. Denn es ist, als würdest du fragen, ob du essen, trinken und atmen sollst – oder nur eines davon. Für mich macht es die Mischung aus, denn du willst auf allen Ebenen wachsen, nicht einseitig. Du brauchst für ein langfristiges, überproportionales Wachstum einfach alles. Es geht also nicht um Entweder-oder, sondern um Sowohl-als-auch.

Netzwerken hat dabei freilich nichts mit verkaufen zu tun und nichts ist lästiger, als wenn jemand auf einer Netzwerkveranstaltung versucht, Kunden zu finden. Netzwerken im eigentlichen Sinne hat etwas mit Verbindungen zu tun. Einander kennenlernen. Gehe also zu Netzwerkveranstaltungen, um Menschen kennenzulernen, niemals um Kunden oder Multiplikatoren zu finden.

Ein gutes Netzwerk hat viele Vorteile, aber du darfst nie vergessen, du hast mit Menschen zu tun. Eine Veranstaltung unter der Prämisse zu besuchen »Wie kann ich möglichst viel für ich rausholen?«, ist der gänzlich falsche Ansatz. Und dennoch solltest du klare Intentionen für solch einen Event haben.

Auch wenn dein Business bzw. dein Geschäftsmodell überwiegend online orientiert ist, Menschen kaufen von Menschen. Und je mehr Menschen du persönlich kennst, desto leichter machst du dir einen Namen und wirst auch aktiv empfohlen.

Recherchiere mindestens fünf interessante Veranstaltungen für die nächsten Wochen. Auch, wenn sie eventuell ein wenig weiter entfernt sind. Die Fahrt lohnt sich auf alle Fälle, wenn du mit der richtigen Einstellung erscheinst. Definiere dein Ziel für jede davon. Wenn es eine Teilnehmerliste gibt, dann hol sie dir. Eventuell entdeckst du schon den ein oder anderen interessanten oder gar bekannten Namen. Vernetze dich, wenn möglich, schon im Vorfeld dann fällt der Kontakt vor Ort noch leichter.

Und wenn du aktuell noch zu wenig Gelegenheiten und Chancen bekommen hast, dann musst du dein Netzwerk weiter ausbauen. Denn Zufälle gibt es nicht – bloß gute Kontakte. Chancen wie Joint Ventures, Kundenkontakte, Partnerschaften, Vorträge, Tipps … all das bringt dir dein Netzwerk! Denn die besten Dinge werden »unter der Hand« geteilt, von Mensch zu Mensch am liebsten an die Personen, die wir schon kennen.

Du wirst, mit wem du dich umgibst. Davor haben dich deine Eltern vermutlich schon gewarnt, wenn sie dich vor dem »falschen« Umgang warnen wollten. Und so wie es im Negativen gilt, gilt es auch im Positiven. Denn wenn du dich mit den »richtigen« Menschen umgibst, färbt deren Verhalten, Denken und Einfluss auf dich ab. Erfolgreiche Menschen zu modellieren, ist ein sicherer Weg, dich selbst enorm weiterzuentwickeln. Und je mehr du davon in deinem Umfeld hast, desto schneller erreichst du deine Ziele.

24. Online Konferenzen – tausende Zuseher

Das Internet ist heute quasi zum Mekka des Lernens geworden. Nicht nur, dass Seiten wie Wikipedia eine wahre Fundgrube sein können (sofern man die Quellen gut recherchiert), sondern vor allem Google, YouTube und Plattformen wie Lynda.com, Udemy.com oder

CreativeLive.com bieten unzählige Online-Trainings und Kurse zu beinahe allen Themengebieten an. Sein eigenes Wissen zu vertiefen und zu erweitern, ist damit so einfach wie nie zuvor.

Alles von zu Hause und vor dem eigenen Computer machen zu können, eröffnet gänzlich neue Möglichkeiten. So auch bei Online-Konferenzen. Denn diese werden bei uns immer beliebter. Im Gegensatz zu speziellen Kursen und Trainings geben Online-Konferenzen, oftmals Summit genannt, einen größeren Einblick zu einem Thema wie beispielsweise Marketing, Gesundheit, Bloggen, Medizin. Wie echte Konferenzen, sind sie in der Regel vollgepackt mit Interviews, Vorträgen, Workshops und manchmal Live-Sessions. Da sie online sind, kann man wirklich von überall aus teilnehmen, solange man eine Internet-Verbindung hat. Auch Vor-Ort-Konferenzen wie beispielsweise die jährliche Social Media Marketing World, die in San Diego in den USA stattfindet, bieten mittlerweile Tickets für die Online-Variante an. Diese sind preislich meist moderater, ermöglichen dafür jedoch einer wesentlich größeren Mehrheit die Teilnahme, da die Anreise wegfällt.

Online-Konferenzen haben zudem den Vorteil, dass sie wesentlich kostengünstiger durchzuführen sind. Dennoch kann man damit, klug gesteuert, annähernd denselben Wert und die gleich gute Erfahrung für die Teilnehmer schaffen. Gerade auch wenn Konferenzen über mehrere Tage hinweg gehen, ist das für viele Menschen nicht immer leicht zu organisieren abseits der Familie und anderen Verpflichtungen. Zudem muss man bei Online-Konferenzen ja oft nicht mal direkt live dabei sein, sondern kann sich die Inhalte, die einen am meisten interessieren, ansehen, wenn es zeitlich am besten passt.

Auch für die eigene Sichtbarkeit und den Listenaufbau, also den Aufbau der eigenen Newsletter-Liste, sind Online-Konferenzen ideal. Gerade wenn sie kostenfrei durchgeführt werden. So macht es durchgängig Sinn, die erste, kleinere, beispielsweise nur über drei bis fünf Tage gehende Konferenz kostenfrei zu gestalten, um damit eine rasche Erweiterung der eigenen Sichtbarkeit aufzubauen.

Meistens sind sie jedoch so gestaltet, dass der Inhalt am Tag der Veröffentlichung kostenfrei ist, und nur, wenn man es später ansehen möchte, gibt es eine Kaufoption. Diese funktioniert am besten, wenn es besonders viele spannende Themenbereiche gibt, die es den Teilnehmern beinahe unmöglich machen, wirklich alles live zu konsumieren.

Der weitere Vorteil mit einem gekauften Ticket ist der, dass man an wirklich allen Sessions teilnehmen kann. Was bei echten live Konferenzen oftmals nicht möglich ist, weil eventuell Workshops oder Vorträge parallel laufen und man sich schlichtweg für eines von beiden entscheiden muss.

Freilich fällt ein entscheidender Faktor bei Online-Konferenzen weg – das direkte Netzwerken. Denn genau das ist für viele Teilnehmer ein wichtiger Grund, an Live-Konferenzen teilzunehmen.

Während bei Live-Konferenzen auch die Teilnehmer stark für die Verbreitung auf Social-Media-Kanälen sorgen, durch Live-Streams, diverse Posts auf Facebook und Twitter und das Verwenden von Hashtags, liegt es bei Online-Konferenzen mehr am Veranstalter, also an dir, diese mediale Präsenz aufzubauen. Durch Live-Streams einzelner Vorträge oder Twitter-Diskussionen kann das jedoch ebenso gut gelingen. Es muss bloß aktiv zur Priorität gemacht werden.

Da jedoch auch die Versuchung groß sein kann, nicht teilzunehmen, weil ja es ja eh online ist und ich es eventuell später ansehen kann, wie bei einem Webinar, liegt es an dir, möglichst viele Teilnehmer dazu zu motivieren, dennoch live dabei zu sein. Denn genau dadurch gewinnt deine Konferenz an Dynamik.

Die Konferenz wird für alle am besten, wenn du einige Dinge beachtest:

- Achte auf eine wirklich gute Mischung der Vorträge, Workshops, Diskussionen. Nicht nur die Themen sind relevant, sondern, wie auch bei vor Ort Konferenzen, die Vortragenden. Habe unbedingt einige richtige Zugpferde dabei.
- Versorge deine Teilnehmer entsprechend gut mit Informationen. Denn sonst ist es, als hätten sie ein Ticket gebucht, würden dann aber nicht hinfahren. Klare Terminlisten, die Möglichkeit, die Vorträge direkt in den Kalender eintragen zu können, und entsprechende Erinnerungsmails gehören einfach dazu.
- Mach die Live-Teilnahme zur Priorität. Denn die Flexibilität von Online-Konferenzen ist hier ein zweischneidiges Schwert. Denn ich kann während des Vortrags arbeiten, Kaffeetrinken oder einfach telefonieren. Achte daher unbedingt da-

rauf, dass es sich auf alle Fälle lohnt, direkt live dabei zu sein – beispielsweise durch einen Q&A-Part.

- Kombiniere die Online-Konferenz mit Live-Veranstaltungen auf den sozialen Netzwerken. Damit erreichst du noch mehr Menschen und erzeugst zusätzliche Reichweite rund um deine Konferenz.
- Biete die Möglichkeit an, ein Full-Access-Ticket zu kaufen, das heißt, dass ich damit den Zugang zu allen Inhalten kaufen kann, um diese anzusehen, wann auch immer für mich möglich. Einerseits finanzierst du damit die Konferenz und andererseits bietest du den Teilnehmern die Möglichkeit an, für sich das Beste aus der Online-Konferenz mitzunehmen.

Richtig gute Online-Konferenzen benötigen viel Aufmerksamkeit. Thema, die Vortragenden, Interviewpartner oder Workshops wollen organisiert und aufbereitet werden. Die Promotion einer Online-Konferenz nimmt ebenso Zeit in Anspruch. Plane also lieber entsprechend mehr Zeit für die Vorbereitung ein. Dann läuft auch alles während der Konferenz entsprechend gut und entspannt ab.

25. Der kostenlose Mini-Kurs. Drei bis fünf E-Mails oder Videos

Bevor Kunden kaufen, testen sie gerne. Niemand will die bekannte Katze im Sack oder kauft das Auto in der Wundertüte. Kostenlose Mini-Kurse oder Videoserien sind vor allem im Online-Business-Bereich sehr beliebt. Denn sie vermitteln auf der einen Seite enorm viel Know-how, suggerieren in der Regel das »danach«, also das Resultat und zeigen mögliche Wege auf, wie man das Ziel erreichen kann. Am Ende steht klassisch ein Produktverkauf.

Die Online-Unternehmerin Marie Forleo beispielsweise promotet mit einer Video-Serie ihre B-School, ein achtwöchiges Online-Training für angehende Online-Unternehmer. Jeff Walker, Autor und ebenfalls Online-Entrepreneur hat aus dieser Methode sogar ein eigens Geschäftsfeld entwickelt – die »Jeff Walker Launch Formel!« – die ebenfalls auf einer dreiteiligen Videoserie basiert. Beide generieren damit tausende neuer Kontakte und konvertieren daraus entsprechend viele neue Kunden. Doch was diese Video-Serien gemeinsam haben: Sie sind extrem gut getextet, kein Wort ist dem Zufall überlassen und sie sind sehr hochwertig und aufwendig produziert.

Wesentlich einfacher umzusetzen ist hingegen eine E-Mail Serie mit demselben Ziel: Neukundengewinnung.

Damit so ein Mini-Kurs funktioniert und die gewünschten Ergebnisse bringt, solltest du immer das Endziel im Auge behalten – Reverse Engineering also.

Du zäumst das Pferd von hinten auf und beginnst mit dem Endprodukt. Was ist das Ergebnis, nachdem dein Kunde das Produkt gekauft hat? Dementsprechend kannst du dann Schritt für Schritt zurückgehen bis zum eigentlichen Bedarf deines Kunden und weshalb er sich für den Mini-Kurs anmelden sollte. Auf diese Weise bekommt alles eine wunderschöne Struktur und baut perfekt aufeinander auf.

Sonst passiert es leicht, dass es tolle Videos oder Texte gibt, diese aber irgendwie am Produktnutzen vorbeiführen, zu wenig oder gar zu viel verraten. Denn wenn du in dieser Präsentation bereits zu viele Lösungen präsentierst, wird das Produkt an sich obsolet, weil der Interessent erstmal all die tollen Ideen umsetzen möchte, die er soeben schon kostenlos von dir erhalten hat. Wenn du beispielsweise einen Styling-Kurs verkaufen möchtest, könnte es im Mini-Kurs um die unterschiedlichen Style-Typen gehen und wie man seinen eigenen findet. Wenn du Immobilienmakler bist, könnte es diesem kleinen Kurs darum gehen, wie man die perfekte Immobilie findet und nicht auf die Tricks der Makler hereinfällt.

Gerade bei Dienstleistungen wie Coachings und Beratungen ist das eine hervorragende Möglichkeit, Menschen von deinem Können und Know-how – mehr aber noch von möglichen Resultaten – zu überzeugen.

Dabei kannst du solch einen Kurs oder eine Video-Serie sehr gezielt zu einem Produktlaunch einsetzen oder zum kontinuierlichen Aufbau deiner Newsletter-Liste.

Auch wenn ich generell ein großer Fan davon bin,

die Dinge einfach und praktisch umzusetzen, solltest du eine derartige Videoserie nicht einfach nur mit dem Handy filmen und ein wenig herumprobieren. Freilich ist das ein guter Start, aber lege hier besonders viel Wert auf den Text. Wenn du dir selbst nicht so leicht damit tust, engagiere einen professionellen Texter. Denn das ist der erste Eindruck, den du hinterlässt. Das Gleiche gilt ebenso für deine E-Mail-Texte.

Gerade bei zusammenhängenden beziehungsweise aufeinander aufbauenden Serien wie diesen solltest du immer darauf hinweisen, dass es

a) noch einen Teil gibt und

b) mich davon überzeugen, diesen unbedingt anzusehen.

Das funktioniert am besten mit der Cliffhanger-Methode, die du garantiert aus Soap-Operas und Serien kennst. Denn diese enden in der Regel mit einem »Open Loop«. Das bedeutet, dass zwar eine neue Geschichte begonnen wird, du aber jetzt und hier nicht erfährst, wie sie ausgeht. Es wird so spannend gemacht, dass du unbedingt bei der nächsten Ausstrahlung wieder dabei sein willst. Oder möchtest du nicht wissen, ob das Auto mit der schwangeren Frau noch rechtzeitig am heranrasenden LKW vorbeikommt? Oder ob er zum Date mit der schönen Fremden geht, nachdem sie ihm eine SMS geschickt und er daraufhin das Haus verlassen hat? Obwohl das bedeutet, er würde seine kranke Frau betrügen?

Die Cliffhanger-Methode funktioniert auch bei E-Mail-Serien oder Videos hervorragend, weil der

Mensch von Natur aus neugierig ist. Wir wollen keine offenen Enden. Wir wollen wissen, wie die Story weitergeht. Es ist fast wie ein Zwang. Deshalb sind oftmals sogar drittklassig produzierte Serien über Jahrzehnte hinweg ein Hit. Das funktioniert, indem du beispielsweise am Beginn des Videos oder des Textes eine Story aufgreifst, sie aber nicht zu Ende erzählst. Am Ende jedoch sagst du, dass du morgen verrätst, wie die Geschichte ausgeht. Das ist Storytelling vom Feinsten und funktioniert immer. Auch kannst du am Ende jeweils einen Hinweis geben, warum ich mir den nächsten Teil unbedingt ansehen sollte.

Doch wie bei allen Marketingmaßnahmen lohnt sich das Testen. Probiere verschiedene Formate, verschiedene Storys und passe sie mehr und mehr deinen Idealkunden an. Wenn du merkst, jetzt läuft es richtig gut, dann promote deinen Kurs entsprechend über verschiedene Kanäle, um damit deine Sichtbarkeit strategisch weiter auf- und auszubauen.

26. Kostenlose Kennenlerngespräche – Marktforschung und Verkauf

Für jede Art von Freelancing, Coaching oder Beratungsangeboten können kostenlose Kennenlerngespräche ein phänomenaler Business-Boost sein. Richtig durchgeführt und organisiert enden nicht selten 80 Prozent oder mehr davon in einem Kundenauftrag. Und selbst jene, die nicht mit einem klaren Ja des Kunden enden, können sehr wertvolle Informationen für dein Unternehmen liefern. Vor allem, wenn du nach der Disney-Kundenservice-Methode vorgehst.

Disney setzt dabei sehr gezielt auf drei wichtige Aspekte:

- *Sei bereit für die Show!* Während Besucher von Disneyland meist nach oben sehen – zu den Fahrtgeräten, Achterbahnen, Attraktionen, lohnt sich auch ein Blick nach unten. Denn in Disneyland-Parks ist es ausgesprochen sauber. Nicht nur, weil sie entsprechend Personal im Einsatz haben, das vor Parköffnung Höchstleistungen erbringt, sondern weil sie auch tagsüber immer darauf achten, dass es so sauber bleibt, wie nur irgendwie möglich. Für dein Business bedeutet das unter anderem: keine Links, die nicht funktionieren; dass du erreichbar bist und pünktlich; dass deine Visitenkarten up to date sind und keine fehlerhaften Informationen rausgehen.
- *Jeder Kunde soll sich besonders fühlen.* Egal welche Position man bei Disney hat, jeder Mitarbeiter ist darauf trainiert, außergewöhnlich freundlich und hilfsbereit zu sein. Bevor du mit fragendem Gesichtsausdruck dastehst und nicht mehr weiter weißt, wirst du von einem der Mitarbeiter angesprochen, der dir weiterhelfen möchte. Das heißt, das Personal versucht, dir im wahrsten Sinne des Wortes jeden Wunsch von den Augen abzulesen. Und das solltest du auch tun, indem du es potenziellen Kunden so einfach

wie möglich machst, alle Antworten zu erhalten, die er oder sie für den nächsten Schritt benötigt. Gibt es einen FAQ-Bereich auf deiner Webpage, machst du es den Menschen besonders leicht, mit dir in Kontakt zu treten, eventuell über ein Chat-Fenster auf deiner Webpage?

- *Disney-Mitarbeiter sind ausgezeichnete Kommunikatoren.* In Disneyland-Parks bekommt man schnell das Gefühl, dass jeder Mitarbeiter alles weiß, denn sie kennen nicht nur ihren eigenen kleinen Bereich, sondern können dir auch stets über andere Bereiche genaue Auskunft geben. Sie sind exakt darauf trainiert. Von A nach B und wieder retour zu laufen, gibt es also nicht. Und genau so sollte es in deinem Unternehmen sein. Achte darauf, dass jeder so viel wie möglich über andere Bereiche weiß und dein (potenzieller) Kunde wird schnell von deinem Service begeistert sein.

Was das nun alles mit kostenloses Kundengesprächen zu tun hat? Ganz einfach – es geht um den Kunden. Er steht im Vordergrund. Nicht, wie du schnell Umsatz machen kannst. Je besser du deinen Kunden und seine Wünsche verstehst, desto leichter machst du es ihm, sich für dich zu entscheiden, weil seine Erfahrung eine besonders gute ist.

Wenn du über Kennenlerngespräche Kunden generieren willst, mache es deinem Interessenten so einfach wie möglich, diese mit dir zu vereinbaren. Setze neben jeden deiner Services einen Button mit Link zu deinem

Kalender. Tools wie Acuity Scheduling, YouCanBook.me oder SimplyBook.me sind einfach auf der Webpage zu integrieren und mit deinem Kalender zu verknüpfen. Das Hin- und Herschreiben oder der Anruf, um überhaupt einen passenden Termin zu finden, fällt also weg. Auch die Suche nach dem Kontaktfeld oder der Telefonnummer bleibt dem Kunden erspart.

Integriere zur Terminvereinbarung einen Fragebogen. Dabei sollten die Fragen so gestaltet sein, dass dein Interessent sofort versteht, dass du genau weißt, worum es geht und du der Spezialist bist. Zudem helfen dir die Fragen bei der Vorbereitung auf das Gespräch und liefern wertvolle Basisinformationen und obendrein geben sie dem Interessenten gratis einen ersten Eindruck davon, wie es sein wird, mit dir zu arbeiten.

Ein Kennenlerngespräch ist nicht nur für dich wichtig, sondern es liefert vor allem auch dem Interessenten die nötigen Informationen, um sich klar entscheiden zu können. Freilich sollst auch du exakt erkennen, wo der Interessent steht und was genau er benötigt, doch solch ein Gespräch legt auch den Grundstein für die mögliche Zusammenarbeit. Dabei soll keine nette Plauderei entstehen, sondern es soll ein von dir geleitetes und geführtes Gespräch sein, das zu einem Ziel führt: zur Entscheidung des Interessenten. Dabei ist wichtig, nicht zu vergessen, dass es sich um ein Gespräch handelt und du nicht einfach nur durch deinen Leitfaden saust. Sei offen für die Antworten und reagiere entsprechend individuell.

- *Bereite dich vor:* Wenn dein Interessent im Fragebogen schon erste Informationen abgegeben hat, nimm dir wenigstens ein paar Minuten Zeit, um ein wenig über die Person zu recherchieren. Heute hat beinahe jeder ein Profil auf einem der sozialen Netzwerke, wo du ein wenig mehr erfahren kannst. Und ansonsten checke die Webpage und google ein wenig.

- *Setze klare Ziele:* Setze gleich zu Beginn des Gesprächs ein klares Ziel für das Gespräch. Bedanke dich für das Gespräch und lass den Interessenten wissen, was nun passieren wird. Wie lange werdet ihr sprechen, was wird am Ende sein? Stelle dich kurz vor und los geht's. Welche Fragen tauchen typischerweise auf, welche wirst du stellen? Das gibt dem Interessenten ein gutes Gefühl, weil er nicht sofort denkt, es geht nur um den Abschluss – sondern, es geht um ihn. Eine wundervolle Frage ist auch: Was möchtest du am Ende dieses Gesprächs haben? Was ist dein Ziel für dieses Gespräch? Damit gibst du dem Interessenten das Gefühl, er sei wirklich am Ablauf beteiligt und das sorgt für eine positive Ausrichtung für das kommende Gespräch.
- *Führe das Gespräch:* Um herauszufinden, was dein Interessent konkret benötigt, musst du wissen, wo er jetzt exakt steht. Wie ist die aktuelle Situation? Wenn du darüber Informationen hast, gilt es zu verstehen, weshalb dein Interessent diese verändern möchte. Dabei kannst du einerseits sehr generelle Fragen stellen oder aber eher spezifische. Beispielsweise indem du fragst: »Viele meiner Kunden stehen an einem ähnlichen

> Punkt. Für die meisten davon sind die größten Herausforderungen #1, #2 und #3. Welche Rolle spielt #1 für dich?«

Wenn möglich, zeige Beispiele, wie du ähnliche Situationen mit anderen Kunden gelöst hast. Fallstudien, Erfolgsgeschichten und Ähnliches sind dafür perfekt. Das schafft Vertrauen und zeigt dem Interessenten, wie eine Lösung für ihn aussehen könnte.

Damit du dein Gespräch zum positiven Abschluss führen kannst, gilt es die emotionale Komponente einzubauen. Welchen emotionalen Wert hat die Lösung des Problems für den Kunden? Wie, wo und warum kann es sein Leben vereinfachen? Da wir alle stets emotionale Entscheidungen treffen und versuchen, diese rational zu untermauern, fällt hier die Kaufentscheidung. Nicht die Features sind entscheidend, sondern die Benefits deines Angebots.

Zeige zu guter Letzt das Gesamtbild, wie deine Leistung jeden einzelnen »Pain point« deines Interessenten lösen kann. Als Pain point wird ein Punkt bezeichnet, an dem sich ein Mensch befinden muss, um aktiv zu werden. Nur dann wird er seine Angst bekämpfen oder strebt danach, sein Problem zu lösen. Wie sehr kann beispielsweise sein Umsatz oder Gewinn durch die Arbeit mit dir gesteigert werden, wie sehr die Reichweite oder die Kundenzufriedenheit?

Erst wenn du wirklich verstanden hast, was deine Kunde tatsächlich möchte, was er verändern will und weshalb, wenn du seine Beweggründe erkannt und mit ihm besprochen hast – erst dann solltest du dein Angebot machen oder dem Interessenten erklären, wie es nun weitergehen kann.

Und selbst wenn er sich nicht für dich entscheidet, hast du in dieser Zeit enorm viele, wichtige Informationen gesammelt, die dir dabei helfen können, zukünftig dein Angebot noch besser auf die Bedürfnisse deiner Kunden auszurichten. Denn das Hauptziel eines solchen Kennenlerngesprächs ist nicht der harte Verkaufsabschluss, sondern dass dein Interessent eine klare Entscheidung für sich treffen kann.

27. Geh »On-Air« – starte einen Podcast

Podcasts werden auch im deutschsprachigen Raum immer beliebter. Und du bist mit kaum einem anderen Medium deinen Interessenten und Kunden so nah – denn du bist direkt in ihren Ohren. Damit kannst du eine wesentlich stärkere Bindung aufbauen, als es mit einem Blog oder einem tollen Video jemals möglich wäre.

Doch bitte, bitte starte keinen Podcast, nur weil es gerade ein Trend ist – denn damit kreierst du einen Podcast, der vermutlich extrem langweilig und wenig wertvoll ist. Wenn du jedoch darüber nachdenkst, einen aufzunehmen, weil du es willst, dann starte. Am besten gleich. Wie bei allem gilt auch hier – Commitment! Wenn du dich für einen Podcast entscheidest, dann voll und ganz. Halb geht das nicht und es wäre sinnlose Zeitverschwendung, für dir aber auch für deine Hörerinnen und Hörer.

Anders als bei Blogs oder Videos können deine Hörerinnen und Hörer deine Inhalte noch wesentlich leichter konsumieren. Egal ob beim Autofahren, während des Bügelns oder beim Sport. Hören geht immer. Vor allem, seit fast jeder ein Smartphone besitzt und dich somit im Ohr überall mitnehmen kann.

Podcasthörer verbringen zudem mehr Zeit mit dir. Denn egal wie gut deine Blogartikel auch sind, man braucht meist nur zwischen drei und vielleicht sieben Minuten, um die Beiträge zu lesen. Auch Videos haben eine eher geringe Aufmerksamkeitsspanne. Videos auf Facebook erreichen die meiste Aufmerksamkeit in den ersten 30 bis 60 Sekunden. Danach fällt die Zuschauerzahl massiv ab. YouTube-Videos oder »V-Blogs« (Video Blogs), verlieren die meisten Zuseher zwischen drei und fünf Minuten. Ein Podcast jedoch kann leicht über 30 Minuten gehen, manche sogar eine Stunde. Am Ende hast du also nicht nur mehr Mehrwert geliefert, sondern deine Hörer wesentlich länger aktiv begleitet.

Ein Podcast kann ein sehr gutes Sprungbrett für dich sein, um dich mit Branchenleadern zu vernetzen. Denn Interviews mit interessanten Menschen werden in Podcasts sehr gerne gehört. Wer hat schon so leicht die Möglichkeit, an ein Interview mit sehr interessanten Menschen zu kommen, deren Zeit in der Regel entsprechend kostbar ist? Podcaster wohl am häufigsten! Tom Kaules hat seinen Erfolgs-Podcast beispielsweise ausschließlich darauf aufgebaut. In »TomsTalkTime« gibt es nur Interviews. Er zählt mit zu den erfolgreichsten im deutschsprachigen Raum.

Ein weiterer Vorteil eines Podcasts ist die vergleichsweise geringe Konkurrenz. Denn laut WordPress-Statistik werden aktuell (Stand August 2017) rund 76,3 Millionen neuer Blogartikel veröffentlicht – pro Monat. Die »Hoersuppe« listet dagegen gerade mal rund 11.000 Podcasts, überwiegend deutschsprachig und ausgewählte, die bekanntesten sind aus den USA. Dabei kann Podcasten extrem lukrativ sein, wie John Lee Dumas vorzeigt. Angeblich verdient er mit seinen Werbepartnern 100.000 US-Dollar pro Monat, denn ein Werbesport in seinem Podcast kostet ab 540 Dollar. Dafür garantiert er mindestens 30.000 Hörer pro Monat.

Einen Podcast zu starten, ist nicht sonderlich aufwendig. Wichtig dabei sind die Struktur und der klare Nutzen für den Hörer. Je besser du deine Zielgruppe kennst und weißt, was das Ziel des Podcasts ist, desto schneller wird dieser erfolgreich.

Um mit einem Podcast zu starten, empfiehlt es sich, bereits mit mehreren Folgen on air zu gehen. Damit gibst du deinen Hörern gleich die Möglichkeit, eine weitere Folge zu hören und sich noch mehr davon zu überzeugen, ob ihnen gefällt, was du anbietest. Drei bis fünf sollten es zum Start schon sein.

Podcasts werden zwar am besten auf iTunes gelistet, aber auch jene, die direkt auf dem Blog eingebunden werden, werden sehr oft gehört. Achte also darauf, beides zu verwenden und zu nutzen. Denn nicht jeder Blogleser will deinen Podcast auf iTunes abonnieren.

Ebenso ist dein Vorschaubild für deinen Podcast nicht zu unterschätzen. Menschen sind visuell und bevor sie sich für etwas näher interessieren, zählt der bekannte erste Eindruck. Ein ansprechendes Bild kann den wesentlichen Unterschied machen. Zudem auch die Rubrik »Neu und beachtenswert« von der iTunes-Redaktion manuell ausgewählt wird. Wirst du dort gelistet, kann dir das binnen kürzester Zeit tausende neue Hörer bescheren.

Bei den meisten kann als Podcast-Titel der eigene Name verwendet werden, vor allem, wenn sie bereits einen Personal Brand aufgebaut haben, denn iTunes ist nichts anderes als eine Suchmaschine. Ein paar wenige Keywords, die exakt zu deinem Business passen, reichen schon aus.

Wenn du bereits eine bestehende Community hast, solltest du deinen Podcast sehr stark über diesen promoten. Denn je mehr Zugriffe, gerade am Anfang, desto besser und umso schneller rutschst du in den Charts nach oben. Gezielte Promotion über deinen Newsletter, Social Media und Anzeigen können dich weiter pushen. Zudem kannst du mit Facebook-Anzeigen sogar jene User direkt ansprechen, die die iTunes-Podcast-App auf ihrem Handy haben. Targeting auf Facebook macht wirklich Spaß.

Neue Podcastfolgen müssen nicht täglich erscheinen, doch am in den ersten Wochen lohnt es sich, in höherer Frequenz zu publizieren. Danach steigen die meisten Podcaster auf eine Folge pro Woche um. Auch Rezensionen, also direkte Bewertungen deines Podcasts, können wie ein Turbo für deine Reichweite wirken. Bitte also aktiv in jedem deiner Podcasts um eine ehrliche Bewertung deiner Show. Denn auch das trägt zum Ranking bei und du kannst viel von den Bewertungen lernen. Entscheidend für den Erfolg deines Podcasts sind nicht in erster Linie die relativen Downloadzahlen, sondern, ob du deine persönlichen unternehmerischen Ziele damit erreichst.

Podcasts eigenen sich hervorragend für Content-Re-Purposing, also dafür, dieselben Inhalte für verschiedene Kanäle zu verwenden. So kannst du die Aufnahme deines Podcasts beispielsweise als Live-Stream auf Facebook zeigen. Ausschnitte aus deinem Podcast als Blog veröffentlichen oder direkt eine YouTube-Show daraus machen. Und umgekehrt.

Alles in allem ist ein Podcast eine großartige Möglichkeit, deiner Community noch näherzukommen und die Verbindung weiter zu verstärken.

28. Etabliere eine Q&A-Session

Q&A-Sessions, also Frage-&-Antwort-Einheiten (questions & answers), sind eine sehr beliebte Form, da sie einen hohen Wert für die Teilnehmer haben. Aber nicht nur deshalb, sie ermöglichen dir außerdem die direkte Interaktion mit deiner Community. Denn Fans wollen vor allem eins – von dir lernen. Perfektioniert hat das Gary Vaynerchuk mit seiner »Ask Gary Vee Show«. Er hat daraus nicht nur eine Videoshow gemacht, sondern auch einen Podcast und ein Buch. Zudem gibt es eine eigene Website, auf der man gezielt nach einzelnen Begriffen suchen kann. Diese führen direkt zu jenen Parts der Videos, wo er exakt über die gesuchten Inhalte gesprochen hat. Das besonders Spannende an diesem Format ist, dass Gary Vaynerchuk so auch all seine Vorträge beendet. Seine Fans sind bereits dermaßen darauf konditioniert, dass er, wo immer er hinkommt, sofort Fans hat, die eine Menge Fragen stellen wollen. Dabei sind seine Antworten oft herrlich anders als erwartet. Und genau das macht sein Format so genial.

Neben Gary Vaynerchuks Konzept, seine »Ask Gary Vee Show« als Video zu machen, bei dem die Fragen des Publikums integriert werden, gibt es auch andere Formate, die du vermutlich leichter umsetzen kannst. So kannst du beispielsweise an jeweils einem bestimmten Wochentag eine Facebook-Live-Show veranstalten oder ein anderes Web-Casting-Tool deiner Wahl zum Einsatz bringen. Diese Shows könntest du anschließend direkt auf YouTube stellen oder auf deiner Webpage einbinden. Hast du eine gute Audio-Spur, kannst du sie ebenso für deinen Podcast verwenden.

Was ich besonders wichtig finde, an solchen Q&A-Formaten sind die Fragen. Denn wenn ich pro Show stets dieselben Fragen höre, wird es schnell langweilig. Je größer also deine Community und je aktiver die Interaktion, desto mehr Fragen wirst du erhalten. Je besser deine Antworten sind, desto interessanter wird das Zusehen bzw. Zuhören.

Es kann anfänglich ein wenig dauern, bis deine Community sich daran gewöhnt hat und dir entsprechende Fragen zusendet. Du kannst daher auch mit einem kleinen Format starten und beispielsweise pro Folge nur ein oder zwei Fragen beantworten. Das können Fragen sein, die dir Fans tatsächlich zugeschickt haben oder es sind Fragen, die du oft gestellt bekommst. Wichtig wie bei jeder Marketingmaßnahme ist auch hier das Dranbleiben. Es nur mal zu versuchen, ob das Format funktioniert, ist absolut kontraproduktiv. Wenn du es tust, plane es mindestens für sechs Monate fix ein. Gib deiner Fangemeinde Zeit, sich an das neue Format zu gewöhnen und auch daran, dass sie dich alles direkt fragen können und explizite Antworten dazu erhalten. Wie sehr du bei deinen Antworten ins Detail oder in die Tiefe gehst, hängt allein von dir ab. Rechtliche Aspekte sind freilich zu beachten, wie sie beispielsweise für Anwälte oder Therapeuten gelten.

Gerade wenn du Live-Veranstaltungen planst, achte darauf, dass du im Vorfeld schon genügend Fragen hast. Nichts ist unangenehmer, als dass du eine Live-Übertragung planst und dann sieht keiner zu oder niemand stellt Fragen. Die Vorbereitung ist zu Beginn deshalb einfach alles. Diese Fragen kannst du vorab von deiner Community einholen oder auf Fragen zurückgreifen, die dir deine Kunden oder Interessenten immer wieder stellen. Zudem sollte dein Thema wirklich sattelfest sitzen. Je mehr Erfahrungen du hast, umso besser. Je breiter dein Wissen gestreut ist, umso interessanter werden deine Antworten. Auch hier gilt: Entwickle deinen eigenen Stil! Versuche nicht, andere Formate zu kopieren oder nachzuahmen, sondern trau dich, dein eigenes Format zu entwickeln. Sei kreativ und sieh dich sogar in gänzlich anderen Branchen um, wie ähnliche Formate aufgebaut sein können. So kannst du dir zum Beispiel Co-Moderatoren für deine Show einplanen, jede Show unter einen anderen Hauptschwerpunkt stellen, themenspezifische Q&A's anbieten oder pro Folge nur eine bestimmte Frage behandeln, die du dafür aus verschiedenen Blickwinkeln betrachtest.

Sei jedenfalls gut vorbereitet. Wenn du einen Augenblick zum Nachdenken oder Analysieren benötigst, nimm ihn dir, bevor du voreilig antwortest. Beantworte die Fragen stets direkt und versuche nicht auszuweichen oder drum herumzureden. Das wirkt unsicher. Lass dir zum Schluss bestätigen, dass die Frage damit beantwortet ist – vor allem bei Live-Fragen. Manchmal tauchen Fragen auf, die mit dem zugrundeliegenden Thema gar nichts zu tun haben. Beantworte sie dennoch so gut und professionell wie möglich und leite zum Kernthema zurück. Solche Fragen sind oft jene, deren Antworten am meisten hängenbleiben. Ein einfaches »Meine Kernexpertise liegt viel mehr im Bereich X …« und deine persönliche Einschätzung wirken hier am professionellsten.

Wenn du viele Webinare, Vorträge oder Präsentationen hältst, bist du es vermutlich schon gewohnt, diese Q&A-Parts zu meistern. Falls nicht, übe, übe und übe. Denn jede Frage ist wie kostenlose Marktforschung für dich und dein Business – du lernst extrem viel von deiner Community. Und je besser du zuhörst, herausfilterst, welche Fragen am häufigsten gestellt werden oder um welches Thema sich die meisten drehen, desto besser kannst du reagieren und eventuell exakt das anbieten, was deine Fans und Kunden gerade am vordringlichsten brauchen und wollen.

Nicht nur, dass Q&A-Sessions die Interaktion mit

deinen Fans verstärken, sie sind auch Verstärker deiner eigenen Botschaft, deiner Kernaussagen. Denn mit jeder Frage hat einer deiner Fans die Möglichkeit, von dir gehört und wahrgenommen zu werden, und du kannst jedes Mal erneut deinen Standpunkt klarmachen. Das erhöht gleichzeitig deine Expertise und stärkt das Vertrauen in dich. Kein anderes Format kann das so gut abdecken wie direkte Q&A-Sessions. Zudem kannst du durch die Antworten strategisch gut deine eigenen Leistungen mit ins Spiel bringen und entsprechend promoten, solange dadurch zumindest keine Dauerwerbesendung entsteht.

29. Bewirb dich für Awards

Awards und Auszeichnungen schaffen Vertrauen – vor allem für deine Interessenten und Menschen, die dich noch nicht so gut kennen. Sie sind dabei für jedes Business oder Service wichtige Signale. Oder wie oft hast du dich schon von Empfehlungen, Auszeichnungen, Preisen und Awards leiten lassen? Sie wirken, weil sie uns das Gefühl geben, uns richtig zu entscheiden, wenn wir jemandem vertrauen, der bereits offiziell für seine Leistungen ausgezeichnet wurde. Preise gibt es viele: ein »Design & Innovation Award«, eine »Gault&Millau«-Auszeichnung für ein Restaurant, der »Deutsche PR«-Preis, ein »Stevie«-Award, »Hairdresser of the Year« oder die Aufnahme im »Lürzer's Archive«. Auszeichnungen und Awards sind oftmals zwar nur branchenintern bekannt, dafür dort umso wichtiger, sind sie doch eindeutige Qualitätsmerkmale und stehen als Symbol für die Besten der Besten.

Eine Übersicht über aktuelle Awards findest du zum Beispiel auf der Seite Benchpark.com. Doch es gibt eine Menge mehr. Einige Zeit in grundlegende Recherchen zu investieren, kann sich langfristig sehr lohnen. Denn die Teilnahme an Awards ist meist relativ einfach. Sie werden frühzeitig ausgeschrieben und es gibt klare Teilnahmebedingungen. Sogar wenn man bei einigen Awards ohne eigenes Zutun nominiert wird, lohnt es sich, entsprechend aktiv zu werden.

Auch für Start-ups oder Gründer gibt es immer wieder spannende Auszeichnungen, die oftmals nicht nur mit Prestige aufwarten, sondern auch mit finanzieller Unterstützung. Eine gute Orientierung kann aber ebenso sein, wenn du eines deiner Vorbilder in der Branche persönlich kennst, das bereits Awards oder Auszeichnungen gewonnen hat. Sieh nach, überprüfe, was für dich passen könnte und sende die Einreichung ab. Selbst wenn du nicht gewinnst, ist manchmal die Nominierung allein von Bedeutung. Das kennen wir ja von den Oskars.

Awards und Auszeichnungen haben noch einen wesentlichen Vorteil. Denn für die Bewerbung musst du sehr klar und präzise sein. So verhilfst du dir selbst dazu, deine Ausrichtung, aber auch deinen USP – also eine Unique Selling Proposition, dein Alleinstellungsmerkmal – deutlich herauszustreichen und hervorzuheben. Damit wirst du dir selbst nochmals klarer über dein Angebot, deine Besonderheit und deine eindeutige

Positionierung am Markt. Stellst du während des Ausfüllens der Unterlagen fest, dass dir genau das fehlt, dann arbeite es aus und werde besser!

Derartige Auszeichnungen können es dir leichter machen, Finanzierungen oder Sponsoren auf die Beine zu stellen. Denn so, wie sie das Vertrauen potenzieller und bestehender Kunden stärken, tun sie das auch auf der anderen Seite, jene der Geldgeber. Und eine Teilnahme hält dich und deine Businessideen frisch und macht kreativ.

Ein gewonnener Award hebt dich klar von deinen Mitbewerbern ab und verleiht dir eine Art Gütesiegel. Damit ziehst du neue Interessenten an und erhöhst deinen Expertenstatus. Aber Achtung vor Fake-Awards, die sich ab und an nur Branchenleader gegenseitig verleihen. Überprüfe also, ob es ein offizieller Award ist.

Awards können deine Gesamtsichtbarkeit enorm erhöhen. Nicht nur, dass du es selbst natürlich über Newsletter und Social Media bekannt geben kannst – freilich auch bereits die Teilnahme oder Nominierung – wenn du gewinnst, wirst du branchenintern meist sehr gehypte. Auch dadurch können sich hervorragende neue Kooperationen oder Synergien ergeben. Außerdem kannst du diese Informationen wunderbar in deine Pressemappe oder auf deiner Webpage integrieren.

Auch wenn einem Award in der Regel nicht sofort auf die To-do-Liste springen, wenn man an Marketingmöglichkeiten denkt, ist jedoch allein die Teilnahme bereits eine große Sache. Schon daraus können sich wunderbare PR-Maßnahmen ergeben, die deine Sichtbarkeit weiter steigern. Eine Nominierung zeigt, dass du viel Arbeit in dein Business investiert hast und das es nun ins richtige Scheinwerferlicht gerückt werden darf.

30. Fachartikel – schreibe für Fachjournale

Fachartikel wie Gastartikel sind großartige Möglichkeiten, deine Sichtbarkeit massiv auszubauen. Denn zweifelsohne ist es eine feine Sache, wenn Beiträge von dir auf sehr angesehenen und vielbesuchten Websites veröffentlicht werden. Allerdings ist es nicht immer so einfach, genau dort veröffentlicht zu werden. Einerseits, weil natürlich viele hoffen, eine Zusage zu erhalten, und andererseits, weil diese Fachseiten oft redaktionell entscheiden, wer und welcher Artikel zum Portfolio passen. Auch Schreibstil und Ausdrucksweise sind in diesem Zusammenhang viel wichtiger als bei Gastbeiträgen für andere Blogger.

Damit die Sache mit dem Fachbeitrag klappt, ist es hilfreich, wenn du bereits eine gewisse Sichtbarkeit hast. Das heißt, dein eigener Blog sollte bereits gut gefüllt sein oder es existieren andere Veröffentlichungen von dir wie beispielsweise Bücher oder du bist Redner und kannst Reputation vorweisen. Jedenfalls veröffentlicht niemand so gern etwas von jemandem, den niemand kennt. Denn die Wahrheit ist, dass es ein Leichtes ist, gute Artikel zu erhalten. Aber gute Artikel von Menschen, die bekannt sind, darin liegt der Reiz. Je mehr du also auf allen anderen Ebenen, wie Social Media und deiner eigenen Newsletter-Liste, auf Wachstum und Sichtbarkeit setzt, desto eher klappt es mit Fachartikeln, denn Journalisten recherchieren gerne bei Autoren. Je mehr sie von dir finden, desto eher steht deine Veröffentlichung. Schreibe also auf deinem eigenen Blog, veröffentliche Gastartikel, stelle Case Studies zur Verfügung, veröffentliche ein E-Book und sorge für sehr gute Rezensionen. Je mehr mit deinem Namen veröffentlicht ist, umso besser.

Wenn es darum geht, die für dich relevanten Fachmagazine oder Fachwebsites zu finden, heißt es einfach: recherchieren. Das kannst du entweder online tun oder du gehst in entsprechende Geschäfte mit sehr großer Zeitschriftenauswahl. Dort findest du in der Regel alle relevanten Branchenmagazine. Am besten, du nimmst dir gleich etliche davon mit, um ein gutes Gefühl für den Aufbau des jeweiligen Blattes zu erhalten. Online kannst du dann ja weiter stöbern und deine Sammlung erweitern. Am einfachsten ist es, du suchst nach deinem entsprechenden Keyword beziehungsweise deinem Thema und dem Zusatz

- Fachautor
- Richtlinien für Autoren
- Gastautoren
- Fachbeitrag
- als Autor bewerben
- Artikel einreichen

Damit erhältst du noch mehr gute Adressen. Wenn du dabei die Einträge der ersten zwei bis drei Google-Seiten genügen, denn danach ist die Relevanz einfach nicht mehr so hoch.

Was sich ebenso anbietet, ist, das eigene Netzwerk zu befragen. Frage deine Community, welche Fachseiten und -magazine sie liest. Das kann sehr aufschlussreich für dich sein und dir neue Impulse liefern. Wenn es jemanden innerhalb deiner Branche gibt, von dem du weißt, dass er besonders viele Fachartikel oder in besonders angesehenen Magazinen veröffentlicht hat, google doch diese Person, um herauszufinden, wo es tatsächlich Publikationen gab. Auch das können sehr interessante Anlaufstellen für dich sein.

Am besten erstellst du dir eine Liste, in der du den Magazinnamen bzw. die Webadresse, den entsprechenden Kontakt und die dazugehörige E-Mail-Adresse notierst. In weiteren Spalten, wann du Kontakt hattest und welchen beziehungsweise welche Themenvorschläge du eingebracht hast. Danach noch Platz für Vermerke und bestenfalls Datum der Veröffentlichung.

Wenn du alles gut recherchiert hast, geht es darum, deine Themenvorschläge einzusenden. Ich schicke meine Nachrichten jeweils direkt an den betreffenden Kontakt und frage auch nach ein bis maximal zwei Wochen direkt nach, wenn ich keine Antwort erhalte. Hartnäckigkeit lohnt sich hier immer wieder. Beginne mit jenen Seiten oder Fachmagazinen, von denen du schon jetzt weißt, dass sie regelmäßig Beiträge von Fachtautoren veröffentlichen. Du musst nicht als Erstes auf deine Top-Top-Top-Wahl zugehen. Das wird umso leichter, je mehr Veröffentlichungen du bereits hast. Sie dir gut an, in welcher Form die Artikel geschrieben sind. In der Du- oder Sie-Form, lang oder kurz, werden viele Fachausdrücke, viel Fachvokabular verwendet oder ist der Stil eher salopp. Wird in der ersten oder der dritten Person geschrieben, eher analytisch oder in Erzählform? All das sind wichtige Hinweise für dich. Zudem findest du oft bei den Richtlinien für Fachautoren wertvolle Hinweise. Wenn es diese gibt, beherzige sie unbedingt. Der Hauptteil liegt nun an deinem Text. Finde entsprechend gute Themen und formuliere knackige Headlines. Denn das ist es, was dem Magazin Leserinnen und Leser bringt – spannende Artikel oder zumindest solche, die danach klingen.

Konntest du einen Fachartikel veröffentlichen, teile diese unbedingt auch mit deiner Community. Da dein Artikel bestimmt großartig geworden ist, ist er auch für deine Fans sehr wertvoll und interessant. Mach dir Screenshots, kaufe die Zeitung und nutze Fotos davon für dein eigenes Archiv und deine Social-Media-Kanäle. Frage anschließend beim Magazin nach, wie der Artikel angekommen ist und ob sie mit dem Ergebnis zufrieden sind. Falls ja, frage gleich nach der Option für weitere, zukünftige Artikel an. Denn hast du erste Mal einen Fuß in der Tür, geht der Rest meist wesentlich einfacher. Bitte ebenso darum, dass du das Logo des jeweiligen Magazins beziehungsweise der Seite verwenden darfst. Dafür benötigst du auf alle Fälle das schriftliche Einverständnis. Meistens ist das kein Problem, ab und an können Gebühren dafür anfallen. Entscheide einfach, ob es dir das als Referenz wert ist. Wenn du das Logo verwenden kannst, kannst du auf deiner Webpage auch einen »Bekannt aus«-Bereich aufbauen. Dieser verstärkt zusätzlich den Social-Proof-Effekt und Menschen vertrauen dir allein schon auf Grund dieser Logos.

31. Kooperationen als Turbo

Firmen schließen sich zusammen, weil sie Synergien, Kosten und Märkte teilen, Wettbewerbsvorteile ausnutzen und ihre Marktstellung weiter ausbauen wollen. Und was im Großen gut funktioniert, tut es meistens auch im Kleinen. Kooperationen sind großartige Möglichkeiten, deine Sichtbarkeit in anderen Bereichen zu erhöhen und damit völlig neue Zielgruppen zu erschließen. Dabei sind diese Kooperationen meistens nicht dauerhaft, sondern nur für bestimmte Aktionen oder Angebote. Gerade im Online-Business-Bereich sind sie eine sehr beliebte Variante. Aber sie funktioniert offline ebenso hervorragend, wenn du einige Dinge dabei beachtest.

Wer immer nur sein eigenes Ding macht, hat es manchmal schwer, wieder mit einem richtigen »Knall« zu wachsen. Kooperationen können an diesem Punkt genau das sein, wenn du das Gefühl hast, ein Plateau erreicht zu haben. Strategisch gut geplant oder manchmal nur aus dem Bauch heraus entstanden, damit können wunderbare Win-Win-Win-Situationen auf allen Ebenen entstehen.

Deine Kunden kaufen nicht nur bei dir. Sie haben auch andere Interessen. Und bevor ein Kunde bei dir kauft, kauft er eventuell zuerst etwas anderes, das er noch braucht. Vielleicht interessiert sich dein Kunde ja für einen weiteren Bereich, den du jedoch nicht abdeckst. Ein Beispiel: Du bist Ernährungsberater. Dein Kunde geht jedoch ebenso ins Fitnesscenter, vielleicht zur Yoga-Stunde oder am liebsten in den Bioladen. All das können potenzielle Kooperationspartner für dich sein – offline und online. Was für dieses Beispiel gilt, gilt für so ziemlich jede andere Branche auch. Wichtig ist nur zu erkennen, welche weiteren Knotenpunkte es gibt und welche für dich und deinen Kooperationspartner strategisch sinnvoll sind. Denn damit entsteht eben der Nutzen für alle Parteien – auch und besonders für den Kunden.

Denn du wirst immer Menschen in deiner Community haben, die niemals etwas von dir kaufen werden. Das ist weder gut noch schlecht. Es ist einfach Fakt. Wenn du diesem Menschen nun jedoch durch eine Kooperation etwas aufzeigst, was er bis jetzt nicht kannte oder nicht für sich in Betracht gezogen hat, kann er immens davon profitieren. Daher sind auch Kooperationen sinnvoll, bei denen beide das Gleiche tun, also beispielsweise zwei Ernährungsberater, die gemeinsam etwas entwickeln. So oder so werdet ihr automatisch andere Kunden anziehen, allein wegen des Resonanzgesetzes. Für Personal Brands gilt das besonders. Und wenn es passiert, dass ein Kunde von euch beiden begeistert ist: umso besser!

Mögliche Kooperationen können dabei sehr unterschiedlich aussehen. Ob im Online-Bereich ein gemeinsames Webinar, eine Interview-Serie, ein gemeinsamer Online-Kurs oder eine gemeinsame YouTube-Show. Alles ist erlaubt. Ebenso offline: Es können gemeinsame Workshops, Veranstaltungen, Vorträge entstehen. Seid einfach offen für das, was ihr möchtet, worin ihr gut seid und was für eure jeweiligen Fans besonders interessant sein könnte. So haben sich in Wien zum Beispiel gleich vier Damen zum Thema TCM (Traditionelle Chinesische Medizin) zusammengetan und powern so mit dem vierfachen Know-how.

Am besten funktionieren Kooperationen, wenn alle den Nutzen und den Spaß darin sehen. Ich persönlich halte nichts von rein finanziellen Kooperationen, da ich der Meinung bin, dass die Fans das sehr wohl merken. Wenn aber ein wahrer Nutzen dahintersteckt, alle mit Freude dabei sind, entsteht etwas wirklich Großartiges. Freilich gibt es Kooperationen, die aus rein finanzieller Sicht Sinn machen, keine Frage, aber das gehört für mich einfach in ein anderes Format und hat nichts mit Marketing an sich zu tun, wie ich es hier aufzeige.

Wenn du potenzielle Kooperationspartner gefunden hast oder kennst, dann geh einfach direkt auf sie zu. Gerade in der Online-Welt funktioniert das in der Regel sehr unkompliziert und leger. Die wenigsten haben schriftliche Verträge oder ausgeklügelte Finanzregelungen. Was kein Freibrief für Laissez-Faire sein soll, um alles dem Zufall zu überlassen. Freilich gehören die Rahmenbedingungen, ebenso wie Umsatzbeteiligungen im Vorfeld geklärt. Es braucht nicht immer gleich einen vom Anwalt aufgesetzten Vertrag dazu, um etwas gemeinsam auf die Beine zu stellen. Doch klare Regeln sind für alle gut. Je größer das mögliche gemeinsame Projekt werden kann oder je langfristiger ihr denkt, desto eher werden schriftliche Vereinbarungen relevant. Ebenso, wenn eigene Logos, Marken oder Konzepte erstellt werden. Damit, im Falle des Auseinandergehens, die Nachfolge klar geregelt und Streitereien von vornherein dezimiert werden können.

Überlege dir, welche Kooperationen dir Spaß machen würden, welche wären eine Bereicherung für deine Community? Womit kannst du den Win-Win-Win-Effekt für alle erzielen? Was kannst du deinem potenziellen Kooperationspartner anbieten? Worin liegt dessen Win, wenn er mit dir arbeitet? Nicht nur in finanzieller Hinsicht, sondern auch bezüglich Knowhow, Reichweite, Kontakte, Erfahrung, Innovation, Bekanntheit und Ähnlichem. Wie könnte eine Kooperation von euch beiden im Außen wirken beziehungsweise, welche Außenwirkung willst du damit erzielen? Wenn du dich beispielsweise mit den Branchenleadern verbindest, kann das deinem Ansehen enorm helfen. Suchst du dir eher Neulinge aus, kann auch das ein entsprechendes Signal sein. Entwickle das Bewusstsein dafür, dann fällt die gemeinsame Positionierung umso leichter. Denn im Endeffekt tust du all das nicht für dich, sondern für deine Community – selbst, wenn du ebenso einen klaren Nutzen davon hast.

Recherchiere in deinem Umfeld mindestens zehn potenzielle Kooperationspartner und unterbreite einen Vorschlag. Sei kreativ bei der Auswahl, denke und schaue gern über den Tellerrand hinweg. Eine gute Quelle für das, was gefragt und gut ankommt, ist natürlich wieder deine eigene Community. Fragen wie »Wen findet ihr im Bereich XY eigentlich noch toll?«, »Welche Blogs lest oder Podcasts hört ihr?« oder »Wer sind für euch die besten zehn aus dem Bereich XY?« können hier fabelhafte Antworten liefern.

Kooperationen können einmalig oder dauerhaft sein. Am besten, ihr probiert es einfach mal, lasst euch auf einander ein und nehmt vor allem das Feedback eurer Fans sehr an. Speziell Online-Business-Inhaber habe ich stets als sehr offen erlebt. Sei auch du offen dafür, dass man gemeinsam einfach mehr erreichen kann.

32. Give-away-Events – gratis, aber nicht umsonst

Give-away-Events sind Online-Veranstaltungen, die – ähnlich wie Kooperationen – eine Win-Win-Win-Situation liefern. Falls du dich jetzt fragst: »Ja, schön, aber bitte was *ist* denn überhaupt ein Give-away-Event?« – liefere ich dir eine kurze Erklärung.

Give-away-Events dienen dazu, schnell neue Newsletter-Leser, Likes oder Follower zu generieren. Dabei schließen sich meist mehrere Blogger zusammen. Jeder dieser Blogger stellte ein Give-away, also etwas Kostenloses, zur Verfügung. Promotet wird der Event von allen gleichermaßen intensiv in der jeweiligen Community. Da dies jeder für sich tut, profitieren am Ende alle von den Aktivitäten der anderen und können so gänzlich neue Kontakte generieren. Denn egal, wie groß oder bekannt du bereits bist, es gibt noch immer tausende, die noch nie von dir gehört haben. Das funktioniert für alle am besten, wenn es möglichst wenige Überschneidungen bei den Zielgruppen gibt. Achtet also darauf, dass eure Newsletterlisten oder Fans nicht zu ident sind und es bisher nur wenige Berührungspunkte gab.

Bevor du selbst einen solchen Event startest, sollte

dir wie stets das Ziel klar sein. Was exakt willst du erreichen? Was ist der Zweck des Events und was haben in erster Linie deine Fans davon? Das sind absolut essentielle Fragen und erst wenn diese geklärt sind, solltest du den nächsten Schritt machen. Denn je klarer du in der Zielformulierung bist, umso leichter kannst du darauf zusteuern.

Was also kann dein Give-away sein? Das kann einerseits ein digitales Produkt sein – ein E-Book, ein Kurs, eine Video-Serie, etwas, das für deine Zielgruppe entsprechend attraktiv ist, um mitzumachen. Also lieber nicht nullachtfünfzehn. Es kann jedoch genauso gut ein physisches Produkt sein – ein Buch, ein Erzeugnis aus deinem Sortiment oder etwas, das deine Fans gerne haben möchten – beispielsweise einen Vitamin-Mix, wenn du selbst mit Ernährung zu tun hast und viel über Smoothies sprichst.

Die beiden Varianten unterscheiden sich jedoch – denn während du ein digitales Produkt meist sofort nach Eintrag in die Newsletter-Liste kostenlos und automatisch versenden kannst, geht das bei physischen Produkten freilich nicht, schon gar nicht, wenn sie entsprechend kostspieliger sind. Dann läuft es eher auf ein Gewinnspiel heraus. Ich persönlich bevorzuge die erste Variante, weil ich damit nicht die Schnäppchenjäger hinter Omas Ofenbank anlocke, sondern Menschen, die sich mit dem Thema an sich beschäftigen möchten. Denn Gewinnspiele werden ebenso wie Gratisverkostungen meist hoffnungslos überrannt – jedoch nicht von deinen Idealkunden.

Wenn du für dich also geklärt hast, was und für

wen es sein soll, kannst du dich auf die Suche nach entsprechenden Bloggern machen, die sich daran beteiligen. Die besten Erfahrungen habe ich gemacht, wenn es nicht mehr als zehn waren. Denn sonst überforderst du den Teilnehmer sehr rasch mit einer Menge an Download-Informationen, die er dann doch nicht zeitnah konsumieren kann.

So kann eine mögliche Konstellation aussehen für die Zielgruppe »Frauen«: ein Fitnesstrainer, ein Ernährungsberater, ein Elterncoach, ein Beziehungscoach, eine Kosmetikerin. Ein Give-away-Event, bei dem ich selbst beteiligt war, und das innerhalb kürzester Zeit über 750 neue Newsletter-Leser für mich generiert hatte, setzte sich für die Zielgruppe »Online Unternehmer« so zusammen: ein Zeitmanagement Trainer, ein Experte für erfolgreiches Bloggen, ein Führungskräfte-Trainer, ein Podcaster, ein Fitnesstrainer und ich für den Bereich Marketing.

Wie für jedes Projekt macht auch hier ein Zeit- und Ablaufplan Sinn. Wann wird der Give-away-Event starten? Wie viel Zeit nehmt ihr euch für die Promotion? Wer wird den Event wie, wann und wo bewerben? Bis wann werden alle Informationen zur Verfügung gestellt? Wer kümmert sich um die technische Abwicklung? Zu überlegen ist auch, wer das Zugpferd ist – denn dessen Impressum steht letztendlich für den gesamten Event. Definiere ebenso, welche Informationen du von den jeweils anderen Bloggern benötigst: Fotos, Texte, Links, Dateien. Wenn du möchtest, dass jeder den Event mindestens zweimal an seine Newsletter-Liste und fünfmal über seine Social-Media-Kanäle promotet – definiere es und mache es zur Bedingung. Sonst läuft so etwas schnell aus dem Ruder. Je mehr Details im Vorfeld geklärt und definiert sind, umso erfolgreicher wird der gemeinsame Event.

Besonders wichtig bei solchen Events finde ich die Story dahinter. Etwas zu tun, nur damit man etwas macht, macht im Marketing wenig Sinn. So hatten wir zum Beispiel die Small-Business-Tool-Box für Selbstständige und Solopreneure entwickelt. Es gab ein eigenes Logo dazu, das wir alle verwendeten und alle unsere Inhalte, die wir beisteuerten, passten in dieses Konzept. Damit war klar, wen wir ansprechen wollten, was all unsere Zielgruppen gemeinsam hatten und was die Teilnehmerinnen und Teilnehmer erwarten konnten. Zudem war es für uns einfach, das Projekt in unsere Blogs und in unsere Social-Media-Aktivitäten zu integrieren – da wir ebenso selbstständige Solopreneure waren. Damit war nicht nur die Glaubwürdigkeit gegeben, sondern auch das Signal: »Hey, du kannst hier etwas von uns lernen.«

Wenn es darum geht, neue E-Mail-Kontakte zu gewinnen, ist auf alle Fälle auf das gesetzlich vorgeschriebene Double-opt-in-Verfahren zu setzen. Das bedeutet, dass die Anmeldung zum Event über zwei Stufen laufen muss. Daher könnt ihr nicht einfach alle gemeinsam Adressen sammeln und sie dann wild verwenden, sondern jeder neue Kontakt darf nur dann für weitere Newsletter verwendet werden, wenn er sich direkt für deinen Newsletter angemeldet hat. Am einfachsten geht das mit einer gemeinsamen Landingpage, also einer Website, die einzig diesen Give-away-Event promotet und einem separaten Newsletter-Anmeldefeld zu jedem einzelnen Give-away, auch wenn das bedeutet, dass sich ein Kontakt dadurch für vier oder fünf Newsletter anmeldet, um alle eure Goodies zu erhalten. Wenn ihr jedoch ein Gesamtbundle anbietet, darf nur einer von euch – nämlich der, auf den der Newsletter lautet, die Adressen weiterhin für seinen eigenen Newsletter verwenden.

Am ehesten wird dieser Event ein Erfolg, je aktiver ihr seid. Je mehr Promotion, desto mehr Aufmerksamkeit, desto noch mehr Teilnehmer.

In puncto Newsletter-Versand bist du auf der sicheren Seite, wenn du dich an die gesetzlichen Bedingungen hältst – das jeweils gültige eCommerce-Gesetz. Demnach ist es beispielsweise verboten, Newsletter an Menschen zu senden, die dir keine Einwilligung gegeben haben. Das oben erwähnte Double-opt-in-Verfahren ist dazu die sicherste Methode. Newsletter-Programme wie AWeber, GetResponse, Klick-Tipp, ActiveCampaign oder Mailchimp tun dies automatisch. Wenn es darum geht, eine ständig wachsende Newsletter-Liste aufzubauen, kann ich dir nur sehr empfehlen, Programme wie diese zu verwenden und keinesfalls Excellisten, Outlook-Gruppen oder Ähnliches zu verwenden. Denn damit ist nicht nur die Anmeldung, sondern auch die gesetzliche vorgeschriebene Möglichkeit, mich jederzeit vom Newsletter wieder abmelden zu können, sofern ich das möchte, abgedeckt. Der Versand von unerwünschten Mails, zu denen es eben keine schriftliche Einwilligung gab, kann sehr teuer werden. Entsprechende Abmahnungen können schnell in die Tausenden gehen.

33. Geh auf Sendung – lokal, regional, online

Im Radio oder auch TV Gast zu sein, positioniert dich nicht nur stärker als Expertin oder Experte, sondern ermöglicht dir auch, ein komplett neues Zielpublikum zu erreichen. Denn ja, nicht jeder ist überwiegend online unterwegs! Gerade bei großen Sendern ist die Reichweite das Entscheidende. Um das zu erreichen, brauchst du jedoch keineswegs unbedingt eine PR-Agentur oder einen Manager. Viel wichtiger ist, dass du deine Nische kennst und ebenso weißt, welche Sender beziehungsweise Sendungen dafür infrage kommen. Das ist Recherchearbeit – doch sie lohnt sich immens. Hast du sie gefunden, geht es nun um die richtigen Ansprechpartner, wer die entsprechenden Moderatoren sind und was ihre bevorzugten Themen sind. Jeder Moderator, jede Reporterin hat einen eigenen Stil. Sind es größere Kanäle, ist der jeweilige Produzent oder das Redaktionsteam für dich der richtige Ansprechpartner.

Bei kleineren Sendern kannst du oftmals einfach direkt hingehen und mit ein wenig Glück erreichst du sofort den richtigen Kontakt. Probieren lohnt sich! Auch reine Internetradios solltest du auf dem Schirm haben. Es gibt so viele spannende unabhängige Kanäle. Zudem fällt es bei diesen oft noch leichter, in die Sendung zu kommen.

Wenn es bei deinem Thema darum geht, dass ein Reporter oder Fernsehteam zu dir kommt, dann achte darauf, dass an diesem Tag keine anderen, größeren oder dringlicheren Events anstehen. Sonst kann es dir passieren, dass das gesamte Team bereits verplant ist.

Für Radiointerviews wird immer ein Termin vorab vereinbart, auf den du dich einstellen kannst. Denn oftmals werden diese Interviews live in der Sendung übertragen.

Sei darauf gefasst, dass Reporter dir selten eine exakte Reihenfolge der Fragen geben werden. Denn spontan ist nicht nur besser, sondern zeichnet den Reporter an sich aus. Sei sehr gut vorbereitet, gib gut strukturierte Antworten, aber hole Luft während des Sprechens. Soll heißen, versuche, nicht alles, was du weißt oder zu sagen hast, in diese kurze Sendezeit zu pressen. Atme dazwischen durch und gibt dem Reporter Zeit nachzuhaken, neue Fragen zu stellen oder eine andere Richtung einzuschlagen. Denn genau das macht ein Interview spannend. Es soll einfach kein reiner Monolog werden. Höre dir, bevor du antwortest, immer die ganze Frage an und habe deine Zahlen, Daten, Fakten gut vorbereitet. Auch mit branchenspezifischen Fachbegriffen sollest du eher sparsam umgehen. Nicht, weil der Reporter sie eventuell nicht versteht, sondern einige Hörer. Du hast keinen Kollegen vor dir sitzen, sondern vielleicht jemanden, der noch nie im Detail von dem gehört hat, was du zu sagen hast.

Wenn es eine Fernsehübertragung ist, achte unbedingt auf deine Haltung. Klingt banal, aber wenn man nervös ist, tut man die eigenartigsten Dinge. Da schaukelt man schon mal am Sessel, wackelt hin und her oder gestikuliert viel zu wild. Wenn du weißt, dass du einen TV-Auftritt hast, übe vorher zu Hause, was du sagen möchtest oder hole dir professionelle Hilfe in Form eines Mediencoachings. Denn Make-up und Outfit spielen wichtige Rollen, damit du im wahrsten Sinne des Wortes richtig rüberkommst.

News sind News. Also achte darauf, dass deine News aktuell sind. Niemand will wissen, was du voriges Jahr Tolles gemacht hast. Aber auch spannende und interessante Ansätze, polarisierende Aspekte oder Außergewöhnliches können perfekt Anklang finden. Es gibt eine Menge Radiosender, auch Internetradiosendungen, die immer wieder gerne Interviewangebote annehmen. Sei mutig und bewirb dich. Halte deinen Pitch kurz und prägnant. Er soll in wenigen Sätzen klar zeigen, was du zu sagen hast oder wie du die Sendung bereichern kannst. Nicht immer wirst du eine Antwort erhalten, oftmals einfach, weil der Reporter zu viele Anfragen bekommt. Es liegt an dir, dranzubleiben und überzeugend genug zu sein, dass deine etwas Besonderes ist.

Um entsprechend interessant zu werden, sieh dir einfach genau die Teaser-Meldungen im TV beziehungsweise die Ankündigungen des Radioreporters an. Wie stellen sie die nächste Story vor? Wenn du genau hinsiehst, hast du den Dreh schnell raus, wie du deine Story entsprechend knackig verpacken kannst. Sie kann vermutlich so lauten: »Diese X-Fragen verraten Ihnen sofort, ob er Sie betrügt.«, »Wie Sie X schneller/einfacher oder leichter erreichen, als Sie je gedacht haben.«, »Wie Sie mit X sofort Geld sparen können, ohne Y.«, »Warum Sie alles, was Sie bisher über X gehört haben, sofort vergessen können – weil die Wahrheit ganz anders aussieht.«

Ein guter Anfang, um im Radio Fuß zu fassen, kann

auch sein, sich bei Sendungen zu melden, in denen Hörer zu Wort kommen. Entweder via Facebook-Kommentare oder Liveschaltungen ins Studio.

In Radio und Fernsehen als Interviewpartner oder Experte angesehen zu werden, ist eine sehr kostengünstige aber hoch effektive Marketing- und PR-Strategie, die deine Sichtbarkeit rasant steigern kann. Lasse aber auch hier deine Fans dabei sein und kündige deinen Auftritt entsprechend an. Sie werden mit dir mitfiebern und der ein oder andere bewusst zu exakt dieser Zeit »live« bei dir dabei sein.

Bedanke dich auf alle Fälle nach jeder Ausstrahlung bei dem jeweiligen Reporter. Das kann eine einfache Karte sein oder eine nette E-Mail. Jedenfalls kannst du ab jetzt diese Beziehung aufbauen und weiter vertiefen. Dann geht's beim nächsten Pitch vielleicht gleich noch einfacher.

TEIL 3

Und jetzt?

Mir ist klar, dass einige, sehr wenige sich nun hinsetzen und beginnen, Pläne zu entwickeln und sie umzusetzen. Einige andere haben es nicht mal bis zu dieser Seite geschafft. Wenn du das hier also liest, bist du schon etwas Besonderes. Denn es braucht einiges dazu, um zu den Besten zu gehören. Für jede Tätigkeit heißt es: Übung schlägt Talent.« Etwa 10.000 Stunden benötigt man, um zur Topliga zu gehören. Das gilt für Sportler ebenso wie für Unternehmen.

Sichtbarkeit ist keine Quick-rich-Lösung, sondern eine Strategie, die es gilt umzusetzen. Derjenige, der es am meisten will, wird sich durchsetzen und sichtbarer sein als alle anderen. Oder wie Muhammad Ali sagt: »Champions aren't made in the gyms. Champions are made from something they have deep inside of them. A desire, a dream, a vision.«

Was trägst du in dir, groß genug, um dich dabei zu unterstützen, dranzubleiben? Was ist so stark in dir, dass es dich täglich ermuntert, weiterzumachen? Denn Fakt ist, irgendwann ist keine Zeit mehr. Irgendwann bist du nicht mehr hier. Motivation kann niemals von außen kommen, egal wie viele Bücher du liest oder Seminare du besuchst. Motivation kommt stets nur von dir, auch der Wunsch, das Verlangen, deine Ziele zu erreichen. Angela Duckworth, Professorin an der Universität von Pennsylvania, in den USA, und Martin Seligman, der Vater der modernen positiven Psychologie haben gemeinsam Top-Performer interviewt und untersucht. Obwohl diese teilweise sehr unterschiedliche Charaktere hatten, hatten sie einige Eigenschaften ausnahmslos gemeinsam: den unbändigen Wunsch, ein ambitioniertes, Langzeitziel zu erreichen – egal, wie schwierig es werden würde. Diese Menschen, so Seligman, haben in der Regel eine Leidenschaft, eine bestimmte Mission zu erfüllen, gleich welche Hürden sie meistern müssten oder wie viel Zeit es in Anspruch nehmen würde. Duckworth und Seligman nannten diese Eigenschaft »Grit«. Schneid.

Diesen »Grit« kann man auf keiner Schule lernen, auf keiner klassischen Universität wird davon gelehrt. Es ist etwas, das wir in uns haben. Das wir verstärken können, ausbauen, vertiefen – wenn wir an der richtigen Sache dran sind. Wenn du diesen Grit nicht in dir spürst, für das, was du gerade tust, dann hinterfrage, ob du tatsächlich das für dich Richtige tust. Ob du exakt das tust, wofür du brennst und wofür genügend Grit vorhanden ist. Denn Grit wirst du auf deinem Weg als Entrepreneur jede Menge brauchen!

Such dir Vorbilder – deine persönlichen Role Models

An einer Universität in Colorado, USA, 2008. Geoffrey Cohen und Gregory Walten haben eine Gruppe Studenten ausgewählt. Jeder dieser Studenten sollte einen Artikel eines ehemaligen Studenten lesen – Nathan Jackson. Er beschrieb darin, wie er auf die Universität gekommen war, noch unsicher, welche Richtung er einschlagen sollte, entschied sich schlussendlich für Mathematik und wurde ein brillanter Mathematiker und er enthielt eine Aufgabe, die die Studenten lösen sollten. So weit, so gut. Was jedoch ausschlagend war: Der Artikel enthielt auch ein paar Daten zu Nathan Jackson – unter anderem sein Geburtsdatum. Jene Studenten, bei denen das Geburtsjahr dem ihren entsprach, sahen in Jackson ein wesentlich besseres Vorbild und waren deutlich engagierter, die im Artikel gestellte – unlösbare – Aufgabe zu lösen. Eine starke Verbindung zu deinem Role Model kann eine großartige Motivationsquelle sein.

Menschen, die sich kontinuierlich weiterentwickeln und wachsen wollen, haben eins gemeinsam – Role Models. Das ist vielleicht der elementarste Aspekt, wenn es um persönliche Entwicklung geht. Denn Menschen sind bequem und verlassen nicht immer bereitwillig ihre Komfortzone. Doch sie lernen am besten durch Beispiele. Und oftmals erkennen wir erst, was überhaupt möglich oder erreichbar ist, wenn wir es von jemand anderem sehen. Role Models ermöglichen uns also auch, uns selbst zu hinterfragen und einander ge-

genüberzustellen, zu vergleichen, um zu sehen, wohin die Reise noch tatsächlich gehen kann. Denn positive Role Models können unser wahres Potenzial in uns wecken, uns dabei helfen, unsere Limits – vor allem die gedanklichen – zu überwinden. Sie helfen uns, nicht nur uns selbst weiterzuentwickeln, sondern auch unsere Vision.

Role Models sind ein wenig mehr als nur Vorbilder oder Idole. Sie haben Eigenschaften, Werte und Ambitionen, die deinen gleichen. Und obwohl du nicht werden sollst wie sie, kannst du allein durch Nachahmung extrem viel von ihnen lernen. Wann immer du in deinem Bereich Menschen triffst oder siehst, die ein Role Model für dich sein könnten, sieh genauer hin. Was fasziniert dich – ist es deren Weg, das Durchhaltevermögen, die Art, wie sie an Herausforderungen herangehen, ihre Kreativität Neues zu erschaffen? Finde diese Feinheiten, diese Akzente und modelliere sie für dich. Vielleicht wirst du dadurch neue Charaktereigenschaften übernehmen, eine gewisse Mimik oder dir sogar eine bestimmte Ausdrucksweise aneignen, vielleicht das frühe Aufstehen, Fitness-Aspekte oder Disziplin.

Findest du ein Role Model, das ähnliche Herausforderungen zu meistern hatte wie du eben, dann wirst du mit großer Wahrscheinlichkeit auch dort die richtigen Antworten für dein Weiterkommen finden.

Auch wenn's dir schwer vorkommt, es ist leicht

Mal nur so unter uns – ein erfolgreiches Business aufzubauen, ist ein wenig mehr als einen Legoturm hinzustellen. Deine Idee kommt erstmals aus dem Kopf. Raus ins wahre Leben und trifft dort auf eine Menge Input. Gefühlt 1001 Dinge sind zu tun, an die meisten hast du zuvor noch nie gedacht oder wusstest gar nicht, dass es sie überhaupt gibt. Da ist es durchgängig leicht, überfordert oder verwirrt zu sein. Manchmal vielleicht sogar ein wenig hoffnungslos.

All das ist normal und fast jeder empfindet so – nicht nur bei seiner ersten Businessidee. Und dennoch denkt fast jeder, dass es so kompliziert sein muss. Dass Erfolg einfach nicht einfach gehen kann.

Doch genau das ist das Dilemma an der Sache. Wenn du davon ausgehst, dass es schwierig, kompliziert und anstrengend wird, dann wird es auch so sein. Doch wenn du ausreichend Grit hast, erkennst du, worauf es tatsächlich ankommt: auf das Dranbleiben!

Denn wie viele Male hast du schon etwas begonnen, aber wieder abgebrochen? Sei es der Sparplan, die Neujahrsvorsätze rund um deine Gesundheit, den frischen Wind in der Beziehung, die bessere Ernährung? Einiges hat bestimmt geklappt. Anderes ... na ja ... wir müssen ja nicht ins Detail gehen. Immerhin gibt es nächstes Jahr wieder viele gute Gründe, um etwas neu zu starten.

Doch die Dinge, die du durchgezogen hast, wie hast du sie erreicht? Genau! Schritt für Schritt! Indem du täglich daran gearbeitet hast. Und so ist es mit deiner

Sichtbarkeit. Denn sobald du losgehst und nicht mehr stehen bleibst, baust du exakt das Momentum auf, das du für deinen Erfolg brauchst.

Sobald einmal das Gefühl der Überforderung oder des Stillstands kommt, halte kurz inne. Nimm ein klein wenig Abstand, sortiere dich neu und mach dann den nächsten Schritt. Es geht nicht darum, den Sprint zu gewinnen, sondern den Marathon zu laufen. Sei rastlos, wenn es darum geht, was du heute erledigen kannst. Aber sei geduldig, wenn es um das große Ganze geht.

Solange du nicht stehen bleibst, drehen sich die Räder und wunderbare Dinge werden passieren. Einfach, weil du aktiv bist, weil du tust, weil du präsent bist und dich zeigst.

Die Kraft, gesehen und gehört zu werden

Ich kann mich noch gut erinnern: Meine Domain zu registrieren, hat mich rund eine Woche Überwindung gekostet. Immer wieder saß ich vor dem Online-Anmeldeformular, hatte alle Daten, inklusive der Kreditkarteninfos eingegeben, aber ich schaffte es irgendwie nicht, den »Hier bestellen«-Button zu drücken. Zu groß waren die Fragezeichen und Zweifel in meinem Kopf: interessiert das jemanden, kann das gut gehen, will das jemand lesen, wie exakt soll das alles funktionieren? Nach etwa fünf oder sechs Tagen wurde es mir einfach zu dämlich und ich saß vor dem Bildschirm und befahl meinem rechten Zeigefinger endlich, die Maustaste zu klicken. Danach war meine Webpage innerhalb von rund eineinhalb Stunden online und ich bereit, die Welt zu erobern.

Ebenso erging es mir bei meinem ersten Video. Ich habe es mindestens zwei Dutzend Male aufgenommen. Ich war zu nervös, wollte exakt sagen, was ich mir zuvor so schön notiert hatte. Aber genau das klappte freilich nicht. Schon gar nicht, ohne Erfahrung. Doch auch hier sprang ich über meinen Schatten und mein erstes Video ging online, dann folgten Live-Videos.

Cisco sagt voraus, dass bis 2019 sogar 80 Prozent allen Traffics online auf Videos fallen wird. Warum? Weil der Mensch erstens sehr visuell ist, und, weil es den Menschen das Gefühl gibt, dich zu kennen. Du erreichst sie einfach ganz anders, bist ihnen nah. Sie hören dich, sehen dich und können eine ganz andere Verbindung aufbauen.

Der surrealste Moment, in dem mir das richtig bewusst wurde, war auf einer Messe in Österreich. Ich war mit meiner Familie unterwegs, denn es war eine Freizeitmesse und ich wollte gerade mit meiner kleinen Tochter zum Holzsägen gehen. Einfach toll – eine ganze Messehalle für Kinder: vom Buttermachen bis zum Streichelzoo. Jedenfalls standen wir gerade beim Sägen, da sah ich aus dem Augenwinkel jemanden auf mich zukommen. Eine Frau. Sie strahlte und fragte: »Bist du die Karin Wess? Ich kenne dich! Ich lese deinen Newsletter und sehe deine Videos.«

Ja, das ist die Power von Sichtbarkeit! Und von Videos im Besonderen.

Casey Neistat hatte mit seinen außergewöhnlichen

Videos dazu beigetragen, einer der YouTube-Stars schlechthin zu werden. Kimra Luna, Freedom-Hacker, Entrepreneurin und Selfmade-Millionärin, hat ihre enorme Reichweite mit wöchentlichen Webinaren über Google Hangouts erreicht. Videos sind ein so großartiges Tool! Doch auch hier ist das Schlüsselwort: Konsequenz.

Welchen Wert lieferst du?

In 2013 habe ich meine Webpage gestartet. Habe zu bloggen begonnen, habe Zitate, Videos und Texte auf Facebook geteilt. War auf Xing aktiv und auf Twitter. Habe mit Webinaren begonnen, Interviews gegeben, Gast- und Fachartikel geschrieben, habe erste Kurse entwickelt, hatte die 21-Tage-Challenge ins Leben gerufen, habe weitere kostenlose Challenges und Mini-Kurse angeboten, Checklisten und PDFs zur Verfügung gestellt, die »PowermädlsMastermind«, mein »Memberprogramm« gegründet und jetzt schreibe ich dieses Buch. Ich habe immer versucht, einen Nutzen zu liefern. Wertvolles in das zu packen, was ich tue. Einen Mehrwert zu liefern.

So wie Clarissa Hagenmeyer. Die Kreativcoach hat immer versucht, aus ihrer Leidenschaft, der Kunst, ein Business aufzubauen. Als sie schließlich ihren ersten kostenlosen Kurs auf die Beine gestellt hatte, ging im wahrsten Sinne des Wortes die Post ab. Die Menschen liebten ihre Tutorials zu ihren Happy Animals und fingen an, ihre eigenen Zeichnungen, die sie nach Clarissas Anleitungen nach erstellt hatten, online zu posten – weil sie einfach allesamt entzückend wurden. Clarissas Videos waren so voller Herzblut und Leidenschaft, dass jeder, der sich darauf einließ, plötzlich selbst zum Künstler wurde. Die Bilder gingen viral und brachten damit mehr und mehr Menschen auf den Geschmack, nach ihren Anleitungen mal wieder zu Pinsel und Farbe zu greifen.

Holger Hagen, ein außergewöhnlich intuitiver Coach, hat mit seiner kostenlosen Meditations-Challenge zigtausende Menschen erreicht. Pro Challenge melden sich gut und gerne bis zu 5.000 Menschen an und lassen sich durch ihn in das Thema Meditation einweisen. Viele davon entscheiden sich danach für sein kostenpflichtiges Memberprogramm, wo er eine enorme Auswahl an Meditationen zu unterschiedlichsten Lebensbereichen aufgebaut hat.

Anna Reschreiter, TCM Ernährungsberaterin, hat mit ihrem kostenlosen TCM-Kurs und ihren regelmäßigen Webinaren eine immens treue Fangemeinde aufgebaut, die immer nur darauf wartet, was sie wohl wieder Neues zaubert.

Nikki Elledge Brown, The Communication Stylist, startete innerhalb einer großen Facebook-Gruppe mit Tipps zum Schreiben. Ob es um die Über-mich-Seite oder Verkaufstexte ging, sie war der Copy-Star in dieser Gruppe mit über 10.000 Teilnehmern.

Es gibt so viele wunderbare Möglichkeiten, der eigenen Arbeit Mehrwert hinzuzufügen. Finde deinen und packe so viel hinein wie nur möglich. Es geht nämlich nicht darum, jetzt den einen schnellen Umsatz zu machen, sondern langfristig diese Autorität und Expertise aufzubauen. Und das gelingt am besten, indem du immer und immer wieder zeigst, dass du wirklich verstehst, wovon du sprichst.

Je größer deine Fangemeinde, desto einfacher wird es für dich, deine kostenpflichtigen Produkte und Angebote erfolgreich zu lancieren. Durch kostenlose Angebote kannst du Menschen zeigen, wer du bist, wo deine Stärke liegt und kannst dadurch überzeugen. Es ist dasselbe Prinzip wie die Verkostungsstände im Supermarkt. Hier ein Stück Käse, dort ein Stück Brot, hier ein Schluck Bier. Wenn es schmeckt, geht der Kunde los, packt das Produkt in den Einkaufskorb und begibt sich damit zur Kasse. Robert Nabenhauer geht auf das Prinzip dahinter noch weiter ein in seinem Buch »Ich kenne Dich – darum kauf ich!«. Durch deine Sichtbarkeit und auch kostenlose Angebote erreichst du genau das: Menschen beginnen dich zu kennen. Oder wie eine Workshopteilnehmerin kürzlich zu mir sagte, als ich in dem Raum kam: »Du kennst mich nicht, aber ich erkenne dich!«

Sei einfach unnachgiebig

Im Englischen macht das Wort »hustle« gerade sehr die Runde. Es bedeutet so viel wie Vollgas, den ganzen Tag. Und zwar nicht auf zerstörerische Art und Weise, sondern immer dem Ziel entgegen. Und es beschreibt die große Leidenschaft, die jemand in sich spürt, wenn er an seinem großen Traum arbeitet.

Ich habe immer schon gern und viel gearbeitet, doch im Lauf der Zeit wurde mein Computer mein mit Abstand engster Vertrauter. Ich habe nicht selten morgens angefangen und bis weit nach Mitternacht gearbeitet. Vor allem am Anfang. Es gab so viel zu tun und gefühlt viel zu wenig Zeit, um alles in dem Tempo zu schaffen, wie ich es wollte. Denn ich wollte alles – und das am besten vorgestern.

Dabei ging es nicht nur darum, Ideen zu kreieren, sondern ums Umsetzen. Alles, was ich tat, führte stets zu einem sichtbaren Ergebnis. Nur Resultate zählen, war mein Credo. Und ist es auch heute noch. Alles andere sind nur wunderschöne Gedanken in deinem Kopf. Doch nur, was die Welt wirklich sieht, nur die Dinge, die du umsetzt, können letztendlich zeigen, ob sie Bestand haben. Von reinen Gedankenexperimenten kannst du nicht leben, sofern nicht exakt das dein Geschäftsmodell ist.

Doch wenn du das, was du willst, nur stark genug willst, wirst du auch die Energie finden, die Dinge zu tun. Ohne Ausreden, ohne Umschweife, ohne Wenn und Aber. Denn wer etwas nicht will, findest Ausreden. Wer etwas will, findet Gründe.

Du musst nicht jede Arbeit lieben, aber gierig nach dem Ergebnis sein

Nur weil du heute tust, was du liebst, heißt das nicht, dass es auch morgen noch so ist. Weil du heute einen Kunden gewonnen hast, bedeutet es nicht, dass er morgen noch bei dir kauft. An der Spitze zu sein, ist kein Garant dafür, es zu bleiben. Das ist den meisten klar. Und sie greifen zu, wenn sich eine tolle Gelegenheit bietet und sich daraus ein großartiger Erfolg einstellt. Doch was dann?

Gehst du aus und feierst ihn, zelebrierst, was du erreicht hast? Einen Tag? Vielleicht mehrere? Oder wochenlang? Ruhst du dich aus, auf dem, was du geschafft hast, weil du es im wahrsten Sinne des Wortes »verdient« hast?

Wärst du ein Sportler und würdest du nach einem Sieg nur mehr ans Feiern und Ausruhen denken, würde der nächste Sieg umso schwieriger werden. Und obwohl das den meisten Menschen einleuchtet, passiert es im Business viel zu häufig. Kaum sind die ersten Kunden da, wird oft das Marketing eingestellt, denn: »Jetzt läuft es ja eh!« Zum Netzwerken bleibt keine Zeit mehr und die Webpage wird erst im nächsten Jahr wieder überarbeitet. Social Media wird überbewertet und die Fanpage kann ruhig ein wenig Pause gebrauchen.

Ganz gleich, wie viel Talent du mitbekommen hast, nur wenn du wirklich gierig nach dem Ergebnis bist, Spaß daran hast, immer besser zu werden und von deinem inneren Drang angetrieben wirst, kannst du es unter die Besten schaffen. Denn es ist leicht, mittelmäßig zu werden. Das schaffen sehr viele. Und ebenso viele sind nach kurzer Zeit wieder von der Bildfläche verschwunden. Sie schieben es dann auf die Wirtschaftslage, den Mitbewerb, auf fehlendes Glück oder darauf, doch nicht der geborene Entrepreneur zu sein.

So viele nehmen lieber den Fahrstuhl anstatt der Treppe. Suchen die Quick-Fix-Instant-Lösung und wundern sich dann, warum sie auf so dünnem Boden stehen. Menschen hören mit dem Fitnesstraining auf, weil es zu hart ist oder nicht schnell genug Ergebnisse bringt, bewundern und beneiden zugleich aber die, die die Körper haben, die sie selbst gerne hätten. Und es sind oftmals die Gleichen, die auf andere Unternehmer schauen und sagen »Hey, wow – du hast aber Glück gehabt. So toll wie es bei dir läuft!«. Doch mit Glück hat all das wenig zu tun. Denn auf Glück zu vertrauen, bedeutet, einfach nicht gut genug vorbereitet zu sein. Es ist kein Glück, ob du heute erfolgreich bist oder nicht. Es ist das Wahrnehmen von Chancen, die Arbeit, die du reinsteckst und dein unbändiger Wille, es zu schaffen.

Tu auch die Dinge, die gerade nicht so viel Spaß machen, weil du weißt, wie wichtig sie sind. Oder denkst du, Michael Phelps hatte immer Spaß dabei, nochmals und nochmals und nochmals zum Training zu gehen? Oder Michael Jordan, immer noch einen Korb zu werfen? Nein. Sie taten es, weil sie wussten, nur so werden sie noch besser. Jeden Tag ein Stück. Dranbleiben. Einfach dranbleiben, dann brauchst du niemals auf Glück zu hoffen, sondern bestimmst deine Resultate selbst.

Nimm Fehler nicht so ernst – du weißt, es gibt immer mehrere Wege zum Ziel

Ich verstehe dieses Fehler-Konzept nicht ganz. Bedeutet Fehler zu machen, einfach aufzuhören? Oder sollte es nicht viel mehr eine immerwährende Feedbackschleife sein, die dir dabei hilft, nach neuen Wegen und Lösungen zu suchen? Wie kann die Erfahrung, dass ein Weg nicht funktioniert, dafür herauszufinden, wie es gehen kann – ein Fehler sein? Jemand der brennt und Grit hat, zielt eher auf das ab, wovon alle anderen sagen, dass es nicht geht. Er sucht nach Wegen, nach Lösungen, nach neuen Ansätzen, einfach deshalb, weil er weiß, dass es gehen wird. Und selbst wenn die Chancen 2: 98 stehen. Dann meistens erst recht. Es hat viel mit dem Ego zu tun, keine Frage. Doch die Bestätigung ist mehr als ausreichend Belohnung dafür.

Wenn das eine nicht klappt, gut! Dann probiere das andere. Wenn das nicht geht, fein. Es gibt noch mehr Wege. Wie viele Möglichkeiten kannst du dir vorstellen? Je mehr, desto wahrscheinlicher wirst du das vielleicht aktuell noch scheinbar Unmögliche schaffen. Es geht niemals darum, dass jeder einzelne Schritt von dir zum sagenhaften Erfolg führt. Vielmehr sind alles kleine Puzzlesteine, die sich nach und nach aneinanderfügen. Und manchmal hat man eben einen in der Hand, der jetzt nicht passt. Egal! Nimm den nächsten, suche weiter, probiere, aber habe immer dein Big Picture im Kopf, denn das ist es, was du erreichen willst. Nicht das winzig kleine Teilziel.

Freilich verstehe ich, dass es manchmal zermürbend

sein kann, wenn man macht und tut und sich scheinbar nichts bewegt. Doch wie schon gesagt – so lange du dich bewegst, bewegt sich alles. Manchmal schnell, manchmal langsamer. Denn Unerwartetes wird passieren. Erfolg ist niemals geradlinig. Eher zickzack. Hinauf und hinunter. Du wirst improvisieren müssen, adaptieren, schnell reagieren, zurückrücken, die Richtung ändern und wieder vorwärtsgehen. Das ist der immerwährende Prozess von »gut« zu »großartig« zu »unstoppable«! Niemand startet bei »unstoppable«. Viel zu viele bleiben bei »gut« stehen. Doch du findest neue Wege, überwindest dich, machst weiter und vertraust dir. Wenn Mitbewerber, Freundinnen und alte Schulkollegen über dich hinter deinem Rücken zu reden beginnen, weißt du, du bist am absolut richtigen Weg.

Sieh deine Fehler niemals als Fehler an. Wenn etwas nicht wie geplant läuft, schau genau hin weshalb. Suche die Möglichkeiten, was du hättest anders tun können. Kümmere dich nicht darum, was andere darüber denken. Triff die Entscheidung, jeden »Fehler« als Chance zu sehen. Mach einfach deinen nächsten Schritt, deinen nächsten Zug. Es gibt keine Verbesserung, ohne auch mal hinzufallen.

Vertrau dir. Triff Entscheidungen!

»Ich will«, »Ich möchte«, »Ich würde« ... Weißt du, was diese Aussprüche gemeinsam haben? Sie alle implizieren: Ich habe daran gedacht, aber getan hab ich es nicht!

All dein Wille, dein innerer Antrieb, deine Leidenschaft, deine Ideen und Pläne sind allesamt nichts wert, wenn du sie nicht umsetzt. Komplett wertlos solange sie nicht in die Tat umgesetzt werden. Es ist, als würdest du mitten auf einer stark befahrenen Kreuzung stehen und einfach nicht wissen, wohin du gehen sollst während alle um dich herum wie wild zu hupen beginnen.

Denn jede Sekunde, jede Minute, jeder Tag, wo du überlegst, wie und ob und wann, ist jemand anderer bereits am Umsetzen. Während du grübelst, ob dies oder das, links oder rechts, gelb oder violett, geht jemand anderer bereits los. Und während du in der Analyse-Paralyse steckst, nimmt anderswo jemand seinen Mut zusammen und zeigt sich. Entscheide dich – oder jemand anderer entscheidet für dich!

Vorschläge zu machen, ist natürlich wesentlich unverbindlicher, man braucht sich nicht festzulegen. Entscheidungen haben immer etwas vermeintlich Endgültiges. Doch mit ihnen kommt die Verantwortung. Während du sie noch abgibst, übernimmt sie jemand anderer und du sitzt da und heulst »deiner« Idee nach – die nun jemand anderem gehört. Nicht, weil sie für ihn besser passen würde als für dich. Sondern allein deshalb, weil diese andere Person den entsprechenden Mut hatte, die Verantwortung dafür zu übernehmen. Entscheide dich – und handle danach.

Verbring nicht deine so kostbare Zeit damit, mögliche Szenarien durchzuspielen … so vielleicht, oder nein … besser so … nein, alles zurück … das ist vielleicht, möglicherweise der bessere Weg. Das ist nicht nur pure Zeitverschwendung, sondern auch komplett kontraproduktiv. Hör auf damit! Auch reines Visualisieren, wie es sein wird oder das Schmieden von Worst-Case-Szenarien bringen dich keinen Schritt voran. Beides erzeugt nur Bilder im Kopf, manche davon sind echt grauenhaft. Denken allein schafft keine Ergebnisse.

Es ist wie mit einer Idee, die in dir reift. Sie wird größer und größer, du spürst deine Begeisterung. Bereitest du dich auf die Umsetzung vor, weißt du schon exakt, was du als Nächstes tun wirst und dann ... beginnst du anderen davon zu erzählen. Doch die starren dich einfach nur an! Können nicht fassen, was du vorhast, wo du hinwillst, was du erreichen möchtest. Und dein Enthusiasmus fällt und fällt. Was ist passiert? Es ist doch noch immer dieselbe Idee?

Wenn du beginnst, zu sehr auf andere zu hören und du deinen eigenen Instinkten und deiner Intuition nicht mehr vertraust, verlierst du dich selbst. Denn du lernst passiv von den Erfahrungen der anderen. Übernimmst, was sie sich selbst zutrauen oder für möglich halten. Doch vielleicht sind deine Träume und Visionen um ein Vielfaches größer!

Es gibt unterschiedlichste Ansätze dazu, ob man seine Ziele mit anderen teilen sollte oder nicht. Die einen schwören darauf, weil sie damit mehr Accountability, also mehr erhalten. Die anderen behalten sie komplett für sich. Mein Ansatz lautet: Wenn ich Accountability benötige, um dranzubleiben und meine Ziele zu erreichen, ist mein »Warum« nicht stark und groß genug! Dann bin ich nicht am richtigen Ziel dran.

Accountability ist großartig – wenn sie mich dabei unterstützt, noch schneller anzukommen, aber nicht, um mich zu motivieren.

Also warte nicht darauf, dass gute Ideen, Möglichkeiten oder Chancen auf dich zukommen – arbeite dafür! Denn jede Entscheidung, die du heute nicht triffst, wartet auch nächsten Montag noch auf dich. Also triff sie lieber gleich und komm ins Tun. Wer weiß, welch wundervolle neue Wege sich dadurch ergeben.

Warum Sichtbarkeit?

Die meisten Unternehmen scheitern nicht, weil die Ideen nicht gut genug oder die Produkte nicht perfekt sind. Sie scheitern, weil einfach zu wenige Menschen wissen, dass es sie gibt. Aus diesem Grund haben sie zu wenig Kunden, zu wenig Umsatz, zu wenig Gewinn zum Überleben.

Die heutigen Möglichkeiten, sichtbar zu werden, sind grenzgenial. Das Allermeiste davon kannst du ohne jeglichen Kapitaleinsatz nutzen. Völlig kostenlos. Was es braucht, sind Ideen, Durchhaltevermögen, Geduld und viel Umsetzungskraft im Hier und Heute.

Paarst du diese Eigenschaften mit Begeisterung für dein Business und klaren Zielen, bist du auf dem allerbesten Weg, zu den klaren Gewinnern zu gehören.

Doch egal, wie euphorisch du vielleicht gerade jetzt bist, denke bitte daran, dass ein erfolgreiches Business nicht an einem Tag aufgebaut wird – es wird täglich aufgebaut. Die »Über-Nacht«-Erfolge wurden lange vorbereitet. Und die besten Zufälle bieten sich dir, weil du aktiv nach Chancen und Möglichkeiten suchst. Du brauchst kein klassisches Glück für deinen Erfolg. Du brauchst nur die richtigen Dinge zu tun und dranzubleiben.

Marketing sollte nicht ein Nebenprodukt sein, etwas, mit dem du dich beschäftigst, wenn Zeit dafür ist. Deine Marke lebt von dem, was du tust, und je besser du dich um sie kümmerst, desto mehr kann sie wachsen.

Ruh dich nicht auf deinen bisherigen Erfolgen aus,

sondern nutze sie aktiv. Nimm sie jeweils als Basis für Neues.

Also bleib dran, bleib dran und dann bleib dran!

Denn dein Erfolg ist eine bewusste Entscheidung.

Literaturverzeichnis

Ankersen, Rasmus: The Gold Mine Effect, Crack the Secrets of High Performance. Icon Books 2015

Bennett, Dr. Michael I, Bennett, Sarah: Fuck Feelings. Das ist hart, sei härter. Fischer 2015

Brosseau, Denise: Ready to be a thought leader? How to increase your Influence, Impact, and Success. Jossey-Bass 2013.

Jackson, Phil, Delehanty Hugh: Eleven Rings, The Soul of Success. Pengiun Books 2014

Port, Michael: Book Yourself Solid. The fastest, easiest, and most reliable System for getting mor eclients than you can handle. John Wiley & Sons 2011dfa

Sawtschenko, Peter; Herden Andreas: Rasierte Stachelbeeren, So werden Sie die Nr. 1 im Kopf Ihrer Zielgruppe. Gabal 2010

Simmons, Annette: Whoeever Tells the best Story wins. How to use your own stories to communitate with power and impact. Amacom 2007

Sincero, Jen: You are a Badass, How to stop doubting your greatness and start living an awesome life. John Murray 2013

Sinek, Simon: Start with Why. How Great Leaders inspire Everyone to take Action. Redline 2011

Smith, Paul: Lead with a Story. A Guide to Crafting Business Narratives that captivate, convince, and inspire. Amacom 2013

Sprenger, Reinhard K.: Mythos Motivation, Wege aus der Sackgasse. Campus 2002

Syed, Matthew: Black Box Thinking, Marginal Gains and the Secret of High Performance. John Murray 2016

Syed, Matthew: Bounce, The Myth of talent and the power of practice. Fourth Estate 2011

Thiel, Peter: Zero to One, Notes on Startups or How to build the Future. Virgin Books 2014
Uribe, Dr. Betty: #Values. The Secret to Top level Perfomance in Business and in Life. Next Century 2016
Vaynerchuck, Gary: Jab, Jab, Jab right Hook. How to tell your Story in a noisy social World. Harper Business 2013
Willink, Jacko, Babin, Leif: Extreme Owernship, How U.S. Navy Seals Lead and Win. St. Martin's Press 2015